K FOOD

한식의 비밀·하나

K FOOD

한식의 비밀·하나

자문·이어령
요리·조희숙

한국의 특별한 맛

한국적 맛에 담긴 비밀, 다섯 가지

봄

경남 남해군 가천 다랭이마을에서 겨우내 묵은 세월을
헤집는 중이다. 지역별로 차이가 있지만
4월 청명(양력 4월 5일경)과 입하(양력 5월 5일경) 사이에
농부가 마른 흙을 뒤집고 고르는 쟁기질로 한 해 농사를 시작한다.
이즈음 흐드러지게 핀 유채꽃으로 눈 호사를 누리고 나면
유채씨로 짠 유채 기름으로 입 호사를 누린다.

여름

스르르 보리 잎사귀들이 술렁이는 소리가 귓가에 맴도는
전북 완주군 산내골의 보리밭. 보리는 한국인에게 쌀 다음가는
주식 곡물이다. 보리밥·보리죽·보리수제비·보리수단·
보리막걸리·보리차·보리누룩·보리고추장 등
다양한 음식 재료는 물론 맥주 원료로도 사용한다.

가을

대봉감 산지로 유명한 경남 하동군 악양벌판.
덜 붉은 감, 더 붉은 감 할 것 없이 가을볕을 한껏 머금으면
온 동네가 환해진다. 10월 말부터 11월 초 사이에 첫서리가 내리면
감을 수확하는데, 까치 같은 허기진 날짐승을 위해
까치밥 몇 알을 꼭 남긴다.

겨울

바다가 한 켜 한 켜 만들어낸 채집 민족의 먹을거리, 김.
본래 한국에서 김은 바닷속 암초에 이끼처럼 붙어서
자라는 해초였다. 지금은 크게 대나무 지주를 박고 김 포자를
뿌리는 지주식, 부레에 김발을 매다는 부류식으로 키워 채취한다.
사진은 전남 완도군 고금도의 지주식 김 양식장.

<K-FOOD : 한식의 비밀>을 펴내며

한국의 사자성어 중 식이위천食以爲天, 곧 "백성은 먹는 것으로 하늘을 삼는다"라는 말이 있습니다. 먹어야 사는 인간에게 밥은 하늘이나 진배없다는 것입니다. 사실 어느 나라, 어느 민족, 어느 사람에게든 먹는다는 건 곧 사는 것이요, 산다는 건 곧 먹는 것이겠지요.

이 지구상에는 3000여 종 이상의 언어가 있다는데, 한국인처럼 유독 '먹는다'라는 단어에 몰입한 민족이 드물다고 합니다. 이어령 선생의 이야기처럼 나이를 밥처럼 '먹는다'라고 표현할 뿐 아니라 '돈도 먹고' '욕도 먹고' '애도 먹고' '겁도 먹고' '마음도 먹고' '챔피언도 먹고' '한 골도 먹는다'라고 lost의 뜻임에도 불구하고 말하는 이들은 지구상에서 한국인이 유일할 것입니다. 심지어 감동조차 "감동 먹었다"라고 표현합니다. 음식, 시간, 공간, 감정, 재화까지 한국인은 먹는 것으로 하늘을 삼아온 이들입니다.

한국 어머니들은 음식 간을 볼 때 몸속에 기억한 눈물 맛으로 간을 맞춘다고 합니다. 물질적 눈물에는 없고 감정적 눈물에만 분비된다는 호르몬이 가장 많은 것이 어머니 눈물이라고 하지요. 또 한국 어머니들은 국을 데울 때 새끼손가락으로 저어 음식 온도를 체온과 같이 맞춥니다. 이런 밥을 먹고 자란 이들에게 밥은 단지 허기를 채우는 물질적 존재 '먹이'가 아니라, 강한 소통력을 지닌 일종의 미디어입니다.

지금 'K-팝' 'K-드라마' 'K-뷰티'처럼 'K-푸드'라는 말이 나라 안팎에서 유행하고 있습니다. 그러나 '한국 음식의 특질이 무엇인가?'에 대해 제대로 묻고 답하는 사람도, 연구도, 책도 아직은 부족한 실정입니다. 특히 나라 밖 사람들에게 한국 음식을 알리는 일은 수많은 과제가 앞에 놓여 있습니다. 그토록 '먹고 사는' 일의 뜻을 중히 여겨 온 민족이므로 이 작업은 지금 한국인이 신중하고도 발 빠르게 풀어야 할 숙제입니다.

<K-FOOD: 한식의 비밀>은 자아도취나 오만이 아니며, 국수주의도 아닌 '코리안 푸드', 한국인이 먹고 사는 양식樣式 그 자체인 K-푸드를 탐구하고자 합니다. 한국인의 밥상 안에 뿌리내린 정신과 물질, 과거와 현재를 촘촘하고도 대범한 눈으로 살펴보고자 애쓴 결과물입니다. '무미' '융합' '발효' '채집' '습식'이라는 거름망을 둔 이유가 바로 이 때문입니다.

오뚜기함태호재단 이사장 **함영준**

머리글

한국의 특별한 맛

궁중 음식

종가 음식

사찰 음식

세시 명절 음식, 통과의례 음식

한식의 기본

한국인의 밥상

부록

한국적 맛에 담긴 비밀, 다섯 가지

글 · 이어령

초대 문화부 장관, 문학평론가

• 이 글은 이어령 선생이 디자인하우스와 함께한 네 차례의 구술 채록을 바탕으로 정리한 것이다. 선생의 저술 <김치 천년의 맛>, 디자인하우스, <우리문화박물지>, 디자인하우스, <디지로그>, 생각의나무, <한국인 이야기>, 파람북에서도 일부 내용을 발췌·구성했음을 밝힌다.

음식이란 한 나라의 기후 조건과 지리적 특성, 민족성 등을 한데 응축한 고유한 문화다. 또 인간 본연의 특성과 연결되는 문화의 본질이기도 하다. 인간은 사냥이나 낚시를 해 짐승과 물고기를 포획하든, 식물이나 열매를 채집하든 그 자리에서 바로 먹는 법이 없다. 불로 요리를 해 먹거나 저장해두었다가 먹는 등 기다림의 시간을 거친다. 재료를 익히는 시간, 우려먹는 시간, 발효하는 시간을 거치는 것이다. 이것이 바로 문화의 시간이고, 음식이 탄생하는 시간이다.

또 인간은 여타 동물들과 달리 수렵과 채집을 통해 획득한 음식을 혼자 독식獨食하는 법이 없다. 대개 가족과 '함께' 먹는다. 말하자면 공식共食(common meal)이다. 공식은 '가족·친족, 지역공동체의 성원이 모여 같은 음식을 함께 나누어 먹는 일'을 의미하는데, 이때 음식은 사회적 단결과 친목을 강화하는 역할을 한다. 동서양을 막론하고 제례나 축제 등 공동사회의 다양한 행사에 음식과 술이 빠지지 않는 이유다.

한국의 전통 사회에서도 음식은 가족, 친족, 지역공동체의 친목과 화합에 중요한 역할을 담당했다. 세시 명절 같은 연중행사나 모내기, 추수 같은 농경 사회의 주요 행사를 치를 때면 항상 음식과 술을 넉넉하게 준비하는 게 상례常例였다. 그리고 이 같은 전통은 오늘날에도 여전하다. 지금도 많이 사용하는 '음복飲福'이나 '식구食口' 같은 단어의 뜻을 되새겨보면 이는 더욱 명확해진다.

음복은 제례가 끝난 후 제사상에 올렸던 술과 음식을 함께 나누어 먹는 절차를 의미한다. 함께 음식을 먹음으로써 제례에 참여한 모든 이가 조상이 내리는 복을 받는 것이다. 식구 역시 마찬가지다. 한국에서 식구는 '가족'이라는 말과 통한다. 식구는 '한집에서 함께 살면서 끼니를 같이하는 사람'이다. 그만큼 한국 문화에서 음식을 함께 먹는 일은 그 의미가 상당하다. 음식을 요리해서 여럿이 함께 먹는 행위를 통해 가족처럼 친밀한 커뮤니티, 식사 공동체가 형성되기 때문이다.

여기서 중요한 건 음식이라는 결과에는 요리라는 과정이 따른다는 점이다. 그리고 과정 없는 결과가 없듯 각 나라의 고유한 음식은 고유한 요리 방법에 의해 탄생한다. 서양 음식이 굽고 볶고 튀기는 게 기본이라면, 한국 음식은 대개 삭히고 끓이고 무치고 섞는 방법으로 요리한다. 한국적 맛의 비밀 또한 한국인의 이 고유한 요리 방식에 담겨 있다.

밍밍하다

무미無味가 만드는
순환과 역설의 문화

한식에는 음양오행의 원리, 순환의 원리가 내재돼 있다. 동양 문화권에서 태어난 해의 띠를 결정하는 십이지十二支의 경우, 대개 '자축인묘진사오미신유술해子丑寅卯辰巳午未申酉戌亥'라고 읽는다. 하지만 한국적 개념의 십이지는 '해자축亥子丑…'으로 읽는다. '자'에서 시작해 '해'로 끝나는 선형적 개념이 아니라, '해'에서 시작해 다시 '해'로 돌아가는 순환적 개념이기 때문이다.

이는 아라비아숫자에 적용해도 마찬가지다. 서양에선 '123456789'를 일렬로 배치한다. 설령 수가 무한으로 간다 해도 어딘가에 끝은 존재한다. 하지만 한국에선 '1234'에서 유턴해 '5678'을 배치한다. 태극 모양의 팔괘도 그렇게 배치되어 있다. 그렇게 배치한 아래위 두 수는 합하면 동일하게 '9'로 수렴된다.

계절도 비슷한 패턴이다. 서양에서 계절은 '봄 여름 가을 겨울'로 끝난다. 여기에 순환의 개념은 포함되어 있지 않다. 하지만 한국의 계절은 겨울에서 시작해 다시 겨울로 돌아간다. 시인 김소월이 '산유화'에서 "가을 봄 여름 없이 꽃이 피네"라고 읊은 이유다. 이 같은 개념은 언어에도 반영돼 있다. '종시終始', 즉 끝을 시작의 앞에 둔다든지 '사생결단死生決斷'같이 죽음을 생 앞에 두는 건 이런 이유에서다.

이 순환과 역설의 미학은 사계절을 오계절로 만들고, 오미五味에 무미無味의 맛을 더한다. 그렇다면 사계절은 어떻게 오계절이 될 수 있을까? 겨울은 12월·1월·2월, 십이지로 따지면 '해자축'에 해당한다. 여기서 '해자'는 완전한 겨울이지만, '축'은 겨울에서 봄으로 넘어가는 일종의 인터페이스다. 이런 식으로 적용하면 봄은 3월·4월·5월로 '인묘진', 여름은 6월·7월·8월로 '사오미', 가을은 9월·10월·11월로 '신유술'이 된다. 이 중 겨울에서 봄, 봄에서 여름, 여름에서 가을, 가을에서 겨울로 넘어가는 '축' '진' '미' '술'을 한데 모은 환절기를 하나의 계절로 봐 오계절이다. 봄은 그냥 오지 않는다. 겨울이 더 추워져

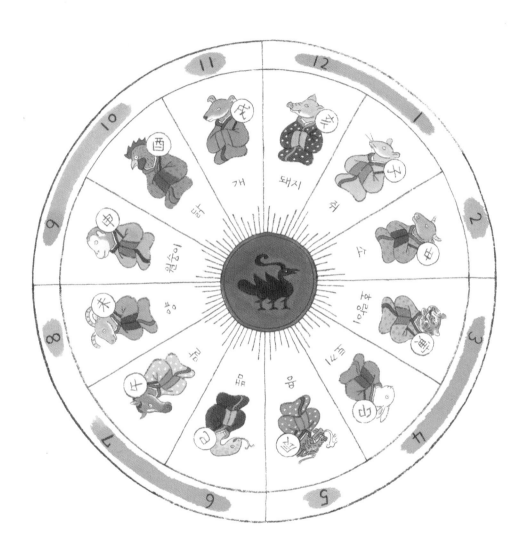

한국적 개념의 십이지는 '자子'에서
시작해 '해亥'로 끝나는 선형적 개념이
아니라, '해'에서 시작해 다시 '해'로
돌아가는 순환적 개념이다. 이는
사계절을 오계절로 만든다.

① 김만조·이규태·이어령 지음,
<김치 천 년의 맛>, 디자인하우스,
27~28쪽.

야 온다. 새벽은 밤이 더 깜깜해져야 온다. 환해질수록 어두워지고 달은 차오를수록 이지러진다.

이 순환 원리에 따르면 한식의 맛은 짜고 달고 시고 맵고 쓴 오미가 끝이 아니다. 밍밍하고 습습한 무미의 맛이 존재한다. 그 대표적인 것이 밥맛이다. 밥은 맛이 아주 싱거워서 무無이며, 텅 빈 공허다. 그래서 빵처럼 밥 하나만 먹을 수가 없다. 그러나 짜고 매운 여러 반찬과 어울리면 밥은 새로운 맛을 띠게 된다.

밥은 국물 음식, 마른 음식, 매운 것과 짠 것, 딱딱한 것과 약한 것 등 온갖 반찬의 맛을 차별화하면서 동시에 융합한다. 말하자면 밥을 먹는 것은 입을 씻어 맛을 지우는 지우개 같은 역할을 한다. 매운 음식을 먹었어도 일단 밥이 들어가면 입안에는 언제든지 새 음식을 맛볼 수 있는 백지白紙가 마련되고, 그 백지 속에서 모든 음식이 제맛과 제 표정을 갖게 된다. 그리고 밥은 동시에 그 맛을 합산한다. 반찬은 밥의 텅 빈 맛 덕분에, 그리고 밥은 반찬의 맵고 짠 맛 덕분에 싱싱하게 살아난다. 한국의 음식은 이 관계의 틈새에서 존재한다.①

흰떡의 맛 역시 같은 맥락이다. 그 안에 내재된 이 무미의 맛은 아직 맛이 형성되기 직전의 맛이자, 뭔가 결여돼 채우고 완성하고 싶은 욕망이 생기는 맛이다. 또한 만월 직전 약간 이지러진 달 같은 맛, 막사발처럼 조금 더 손이 가야 하는, 완성 일보 직전의 맛이다. 이것이 바로 한국적 맛이다. 그림으로 치면 한국화, 그 여백의 미학이다.

'버려둬'의 미학

한식의 또 다른 특징이라 할 수 있는 '버려둬 문화'에도 순환과 역설의 미학이 숨어 있다. 토박이말 '버려둬' 자체에 이미 모순적 개념이 포

② 시래기: 무청이나 배춧잎을 말린 것.
새끼 따위로 엮어 말려서 보관하다가
볶거나 국을 끓일 때 쓴다.
우거지: 푸성귀를 다듬을 때 골라놓은 겉대.

함돼 있다. 버리면 버리는 것이고 두면 두는 것이지 버려둔다는 건 대체 무슨 의미일까? 한국인은 '버리다'와 '두다'라는 대립 항을 한데 합쳐 다이내믹한 개념을 만들어낸다.

'버려둬 문화'의 대표 격인 누룽지를 예로 들어보자. 누룽지는 원래 밥이 타서 바닥에 눌어붙을 때 생긴다. 일반적으로 음식이 타면 버리는 게 상식이다. 하지만 한국인은 이를 버리지 않고, 누룽지로 만들어 먹는다. 물을 붓고 끓여 숭늉으로 만들어 먹기도 한다. 버려야 할 것을 버리지 않고 새로운 형태로 재창조해내는 것이다. 묵은지도 비슷하다. 한국인은 매년 김장 김치로 겨울을 난 후 시어버린 김치도 결코 버리는 법이 없다. 묵혔뒀다가 묵은지로 먹는다. 오래 발효시켜 신맛이 강해진 묵은지는 돼지고기를 넣고 김치찌개를 끓이거나, 물에 씻어 물기를 꼭 짠 후 수육 등 고기와 함께 쌈으로 먹는다. 김장할 때 따로 빼둔 배추의 겉껍질 부분과 무청 역시 버리지 않고 잘 말려둔다. 이렇게 만든 시래기와 우거지는 푹 삶아서 찬물에 우려뒀다가 찌개를 끓여 먹기도 하고, 나물로도 무쳐 먹는다.② 두부를 만들고 남은 콩 찌꺼기도 버리지 않고 뒀다가 콩비지로 만들어 먹는다.

흥미로운 건 이런 '버려둬'의 대표 음식들이 버려두기 이전과 비교해 영양 성분이나 맛 측면에서 전혀 뒤질 게 없다는 점이다. 한국인은 남들 눈에 쓸모없어 보이는 버려야 할 것으로 더 맛있고, 더 독창적인 음식을 만들어낸다. 이런 누룽지, 묵은지, 우거지, 콩비지는 공교롭게 모두 '지' 자로 끝난다. 그래서 버린 껍질을 장에 넣어 삭힌 짠지까지 합쳐서 나는 그것을 '버려둬의 다섯 지의 맛'이라고 부른다. 부정을 긍정으로 역전시키는 것이다. 이는 세계 어느 나라에서도 유례를 찾기 힘든 독특한 음식 문화다.

'버려둬 문화'를 제대로 보여주는 시래기.
김치 담그고 남은 무청을 버리지 않고 잘 말려둔 다음
찌개나 나물 요리로 만들어 먹는다.
사진은 강원도 양구군 펀치볼 마을의 시래기 덕장.

③ 이어령 지음, <한국인 이야기:
탄생-너 어디에서 왔니>, 파람북, 156쪽.
④ 시인 백석은 1936년 시집 <사슴>을
통해 문단에 데뷔했으며, 작품에 방언을
즐겨 쓴 것으로 유명하다.
특히 '통영' '고향' '북방에서' '적막강산'
같은 대표작은 토속적이고 향토색이
짙은 것이 특징이다. 여기서 언급한
시 '국수'에서 '히수무레하다'는 희다,
'슴슴하다'는 심심하다 또는 싱겁다의
방언이다. 편집자주.
⑤ 이어령 지음, <한국인 이야기:
탄생-너 어디에서 왔니>, 파람북, 156쪽.
⑥ 이어령 지음, <한국인 이야기:
탄생-너 어디에서 왔니>, 파람북, 157쪽.

막 문화

한식에 계급적 층위를 적용한 '막 문화'는 한국 문화의 원형과 맞닿아 있는 개념이다. 막 문화의 특징을 한마디로 요약하면 '빈자貧者의 미학'이라 할 수 있는데, 막국수·막걸리·막사발 등이 여기에 속한다. 막 문화의 독특한 점은 '버려둬'의 대표 음식들처럼 부정에서 긍정으로 뒤집기를 하는 경우가 많다는 것이다.

막국수는 겉껍질만 벗겨낸 거친 메밀가루로 만든 국수다. 빛깔도 거무스레하고 면발도 굵게 뽑아 투박하다. 고기 같은 고명도 넣지 않고 막 만든 국수라 "가뜩이나 맛없는 면발 불라"라는 농담이 나옴 직한 음식이다.③ 그럼에도 막국수는 강원도를 대표하는 맛으로 손꼽힌다. 대충 만들었지만 맛만큼은 '한류 음식의 깊숙한 곳에 숨어 있는 덤덤한 맛'을 품고 있기 때문이다. 시인 백석④이 "이 히수무레하고 부드럽고 수수하고 슴슴한 것은 무엇인가"(백석, '국수')라고 물었던 바로 그 반가운 한국의 토속 맛이다. 예부터 식도락가들은 메밀막국수를 오덕五德을 취할 수 있는 음식이라 하며 첫째는 시원한 맛, 둘째는 성인병 예방, 셋째는 여인들의 미용식, 넷째는 마음의 건강식 그리고 다섯째는 값이 싸 누구라도 먹을 수 있는 덕⑤을 칭송했다. 이 오덕은 과거 '빈자의 음식'으로 여기던 막국수를 오늘날 한국 고유의 슴슴한 맛을 품은 다이어트 건강식으로 탈바꿈시켰다.

막걸리도 한류로 떴다. 술을 담글 때 잘 거르면 청주가 되고, 막 거르면 탁주 또는 막걸리가 된다. 청탁淸濁의 탁인데, 어찌 청주와 어깨를 나란히 할 수 있겠는가.⑥ 실제로 한국에서 막걸리는 막일하는 일꾼들의 술로 통하는 빈자의 술이다. 덕분에 막걸리는 오랫동안 하층계급이나 먹는 싸구려 술이라는 편견에 시달렸다. 하지만 한류 열풍을 타고 해외로 건너간 막걸리는 이제 건강에 좋은 '웰빙주'로 통한

⑦ 이어령 지음, <한국인 이야기:
탄생-너 어디에서 왔니>, 파람북, 157쪽.
⑧ 이어령 지음, <한국인 이야기:
탄생-너 어디에서 왔니>, 파람북, 158쪽.
⑨ 이어령 지음, <한국인 이야기:
탄생-너 어디에서 왔니>, 파람북,
158~159쪽.

다. 특히 일본의 한류 열성 팬들은 "맛코리(マッコリ, 막걸리)를 마시고 나면 닛코리(にっこり, 생긋방긋)한다"라고 말했고, 그것이 그대로 브랜드명이 되어 공중파 TV 광고에 등장하면서 K-푸드의 막을 열었다.⑦ 더욱이 막걸리는 탁주의 특성상 어떤 이질적인 재료와도 잘 융합해 새로운 맛을 만들어내기 때문에 해외에서 더 인기가 높다.

사실 '막' 자가 붙은 한류의 기원은 막사발에서 유래한다고 할 수 있다. 개밥 그릇이라고 홀대받던 막사발이 현해탄을 건너자 '잇코쿠이치조우(一國一城)', 즉 "한 나라를 주어도 바꾸지 않는다"는 명품이 된다.⑧ 그 이유가 뭘까? 본디 막사발은 조선 시대 불가佛家에서 쓰던 흙 발우이며, 서민 가정에서 밥그릇·국그릇처럼 때마다 다양한 용도로 사용하던 그릇을 가리킨다. 막사발은 서민의 그릇을 빚던 민요民窯에서 만들었는데, 이 민요의 그릇은 꾸밈없는 막 문화의 특징이 잘 살아 있다. 실제로 막사발은 좌우 균형이 맞지 않아도, 금이 가거나 옆이 터져도, 유약이 아래로 흘러도 상관하지 않는다. 일그러지면 일그러진 대로 저마다 쓰임새가 있다는 믿음으로 만든 그릇이다. 그저 꾸밈없이 마음 내키는 대로 빚어낸 자연스러운 그릇인 것이다.⑨

이처럼 거친 면발의 국수를 슴슴한 국물에 만 막국수, 정제하지 않고 막 걸러 투박한 맛을 내는 막걸리, 무심하게 대충 빚어 어딘가 모르게 조금 부족해 보이는 막사발 등은 모자란 재료로 재료 본연의 맛, 자연에 가까운 아름다움을 구현해낸 막 문화의 대표 사례다. 마구 혹은 대충 만든 듯하지만, 막 바로 만들어낸 듯한 신선함을 품고 있는 것이다. 서 있기도 힘든 관광버스에서 춤을 추는 한국의 허드레춤이나 막춤이 말춤으로 재탄생되어 세계인의 춤이 된 것처럼 막 문화에는 한국 특유의 생명력과 독창성이 살아 숨 쉬고 있다. 한국의 막 문화를 세계가 주목하고 열광하는 이유다.

두 번째 비밀

싸다
비비다

입안에서 완성되는
융합 문화

김수자, '보따리', 2011. Used Korean
bedcover, used clothings of the
artist's son. Dimension:
21" × 22.5" × 21". Courtesy of
Kimsooja Studio. Photo by Jaeho
Chong © Sooja Kim / ADAGP,
Paris—SACK, Seoul, 2020.

① <주간한국> 2016년 12월 '이야기가 있는 맛집', 음식 칼럼니스트 황광해와의 인터뷰에서 인용.

서양의 음식 문화는 분리가 핵심이다. 그들은 고기에는 고기만, 채소에는 채소만 먹는다. 절대 섞어 먹지 않는다. 음식 하나를 모두 맛본 후에 그다음 맛으로 넘어간다. 섞지 않으려니 입을 씻어내야 한다. 그래서 빵이나 셔벗 같은 걸로 씻어 입을 백지화한다. 음식이 바뀔 때마다 포크와 나이프도 바꾼다. 앞선 맛이 그 도구에 묻어 있을 테니, 음식마다 철저히 칸막이를 만드는 것이다. 디저트 역시 마지막에 입안을 씻어내는 개념이다. 이렇게 서양 음식은 '다 되어 있는 맛', 즉 '있다(being)'의 상태이며, 차려놓은 사람이 완전히 음식을 만들어 내놓는 것이므로 완성품이다. 이는 존재론의 개념이며 즉 '배제적(exclusive)' 문화다.①

하지만 한국 음식은 먹는 사람의 입안에서 하나의 음식으로 완성된다. 매끼 밥과 국, 채소, 고기, 생선, 심지어 후식으로 먹는 떡과 식혜까지 동시에 한 상 위에 차린다. 이들은 홀로 있는 음식도, 독자적인 맛을 지닌 음식도 아니다. 김치든 국물이든 나물이든 반드시 밥과 함께 먹기 때문이다. 다른 음식과의 관계 속에서 비로소 맛으로서 존재 이유를 갖는다. 그 병렬적 동시 구조의 상차림 앞에서 한국인은 자신이 먹고 싶은 것을 능동적으로 입안에 넣는다. 밥 한 숟갈에 김치 한 조각을 얹어 먹었다가, 갈비 국물에 밥을 비벼 먹는가 하면, 남은 밥을 국에 말아 먹기도 한다. 먹는 사람이 밥에 뭘 섞어 먹느냐에 따라 짜고, 싱겁고, 매운 것이 다 조정된다. 먹는 사람이 음식 맛을 만드는 것이다. 그러므로 한국의 음식 문화는 '되다' 'becoming'의 상태이며, 생성론의 개념이다. 모든 것을 포용하고 통합하는, 즉 '포함적(inclusive)' 문화다.

② 김만조·이규태·이어령 지음,
<김치 천 년의 맛>, 디자인하우스, 19쪽.
③ 이어령 지음, <우리문화박물지>,
디자인하우스, 124쪽.

싸다-쌈

이 같은 융합 문화의 대표 격 중 하나가 쌈밥이다. 한국인은 김이든 상추든 평면성과 넓이를 가진 것이라면 그것을 펴고 온갖 재료를 싸 통째로 입안에 넣는다.② 상추, 깻잎, 호박잎, 김, 미역 등등에 밥과 반찬, 된장을 올려 싸 먹는다. 여기서 '쌈(包)'은 음식을 싸기 위한 수단인 동시에 그것이 음식 자체, 바로 목적이다. 안에 든 밥과 반찬도 음식, 이를 감싼 쌈도 음식인 셈이다. 이 두 가지 음식은 입안에서 하나로 섞이면서 어우러진다. 쌈 문화는 한국인의 보자기 문화와 하나로 이어져 있다. 한국의 보자기는 서양의 가방과 달리 싸는 물건의 부피에 따라 커지기도 하고 작아지기도 하고, 물건의 성질에 따라 그 형태도 달라진다. 때로는 보자기 밖으로 물건이 비어져 나오기도 하고, 반듯하고 단정하게 꼭꼭 여며지기도 한다. 그러다가도 풀어버리면 삼차원 형태가 이차원 평면으로 돌아간다.③ 이 융통성과 다기능의 보자기가 상위로 올라온 것이 바로 '쌈'이라 할 수 있다.

　　쌈밥은 먹는 방법도 독특하다. 입을 최대한 벌려 입안이 꽉 차게 먹어야 한다. 푸짐하게 먹어야 더 맛있다는 이야기다. 더욱이 한국인은 뭘 먹든 위가 꽉 차도록, 즉 포만감을 넘어 팽배감을 느끼도록 먹는 걸 좋아한다. 배 터지게 먹어야 잘 먹었다고 생각한다. 보쌈이 대표적인 예다. 보쌈은 쌈 안에 고기, 채소, 해산물을 모두 넣고 볼이 미어지도록 먹는 게 상책이다. 이때 쌈과 쌈 안의 내용물은 각각의 맛을 품고 서로 섞이며 융합된다. 속맛과 겉맛이 하나 되는 것이다. ↪ 2권 '복과 건강을 싸 먹는다, 쌈밥' 81쪽

④ 이어령 지음, <디지로그>, 생각의나무, 147쪽.
⑤ <주간한국> 2016년 12월 '이야기가 있는 맛집', 음식 칼럼니스트 황광해와의 인터뷰에서 인용.

비 비 다 - 비 빔 밥

융합 문화의 또 다른 대표는 비빔밥이다. 비빔밥은 밥 위에 여러 가지 나물, 고기, 달걀 등을 얹고 참기름과 고추장을 넣어 섞은 '한 그릇 음식'이다. 산과 들판 그리고 강가에서 뜯은 온갖 나물, 익힌 고기와 달걀이 들어 있는 비빔밥이야말로 '맛의 교향곡'이라 할 만하다. 날것도 익힌 것도 아닌 그 중간 항項, 자연과 문명을 서로 조합하려는 시스템 속에서 만들어낸 음식이다.④

비빔밥은 여러 재료를 넣고 비벼서, 혼합해서, 섞어서 먹는 것 이상의 의미가 있다. 우선 '섞는다'는 말은 두 가지 의미가 있는데, 하나는 부드럽게 또 매끄럽게 한다는 뜻이고, 또 하나는 거꾸로 헝클어뜨린다는 뜻이다. 섞고 비비는 과정에서 단순한 '나눔'이나 단순한 '통합'이 아니라 서로 충돌하면서도 결국은 화합해 제3의 맛을 보여주는 것이 비빔밥이다.⑤ 맵고, 짜고, 시고, 쓰고, 단 오미가 한 그릇 안에서 어우러져 만든 제3의 맛. 그런데 그 맛의 교향곡을 만드는 이는 바로 '음식을 씹는 나'이다. 밥상을 받은 이가 숟가락이나 젓가락으로 잘 비벼 입안에 넣어야 비로소 완성되는 음식이기 때문이다.

오미가 비빔밥의 미각 기호라면 오색五色, 즉 청青·적赤·황黃·흑黑·백白은 비빔밥의 시각 기호다. 흰밥, 빨간 고추장, 푸르고 검고 누런 나물이 들어간 비빔밥을 섞으면 그게 곧 우리 태극기의 색이 된다. 바로 태극이다. 태극이란 우주를, 음양을 나타낸다. 한국인이 우주 공간을 상징할 때 사용하는 것이 바로 오방색五方色이다. 푸른색은 동東, 붉은색은 남南, 흰색은 서西, 검은색은 북北, 노란색은 중앙中央을 가리킨다. 다섯 가지 색채는 공간의 방향을 가리킬 뿐 아니라, 춘하추동과 그 계절의 변화를 일으키는 중심, 즉 우주의 시간을 상징한다. 자연과 인간의 현상을 목화토금수木火土金水로 구조화한 동북

⑥ 김만조·이규태·이어령 지음,
<김치 천년의 맛>,
디자인하우스, 16~17쪽.

아시아의 음양오행설을 음식 문화에 적용한 셈이다. 그러한 이유로 한국의 요리 체계는 한국인의 우주론적 체계(cosmology)와 상동성(homology)을 지녔다고 할 수 있다.⑥

비빔밥 속 여러 맛이 한데 섞이기 위해서는 기름이 꼭 필요하다. 한국의 참기름과 들기름은 밥과 나물과 고기와 달걀이 한데 섞이고 융합하는 데 윤활유 역할을 한다. 아울러 고소한 맛까지 더한다. 비빔밥이 단순한 통합이 아닌, '충돌'을 통해 '화합'을 이뤄낼 수 있게 하는 일등 공신이 기름이다. 한식 특유의 기름 문화는 언어에도 잘 반영돼 있다. 음식이 '매끄럽다' '맛깔스럽다'라는 말은 대개 기름 맛과 통한다. '고소하다'도 마찬가지다. 흥미로운 건 '고소하다'라는 말에는 해학적 의미가 숨어 있다는 사실이다. 많은 이가 미운 사람이 잘못되면 "거 참 고소하다"라는 말을 한다. '속이 시원하고 재미있다'는 뜻이다. 하지만 '고소하다'의 큰말 격인 '구수하다'에는 그런 의미가 포함돼 있지 않다. 이처럼 맛을 나타내는 '고소하다, 구수하다' '짭짤하다, 찝찔하다' '칼칼하다, 컬컬하다' '심심하다, 슴슴하다' 같은 한국어에는 음양오행의 원리가 반영돼 있다. 한국어 특유의 모음조화에 따라 각각의 대립 항을 가지는 것이다. 이게 바로 한국말의 묘미다.

이 외에도 한식은 뭐든 섞는 게 기본이다. 시각적 재미를 더하고 입맛을 돋우는 고명도 청, 적, 황, 흑, 백 등 오방색을 사용한다. 양념 역시 여러 가지 재료를 한데 섞는다는 의미인 '갖은양념'이라는 말을 많이 사용한다. 색과 맛이 잘 섞여야 조화를 이룬다는 뜻이다.

한식의 융합성을 잘 보여주는 게 바로 '오훈채'다. 오훈채는 파, 마늘, 부추와 같이 자극성이 강한 다섯 종류의 채소를 의미한다. 불가나 도가에서는 금기 음식에 속하지만, 한국의 민속 사상에서는 이 오훈채를 모든 것을 융합하는 우주적 기운의 식물로 여겼다. 그래서 입춘이 되면 임금은 신하들에게 오훈채를 내렸는데, 사색四色으로 갈

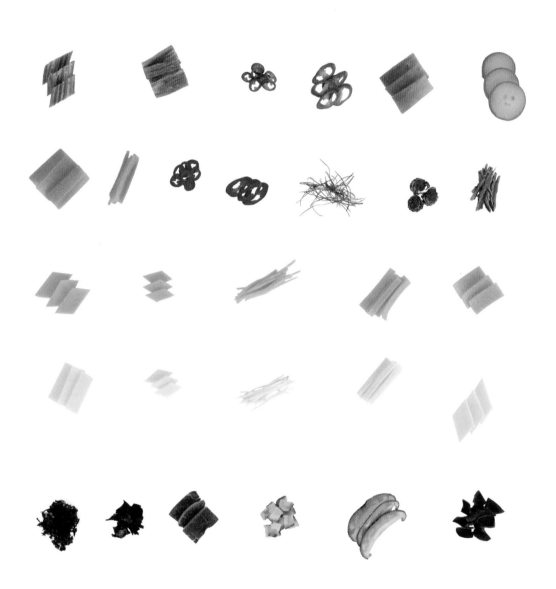

한국인은 우주공간을 상징하는
음양오행의 원리에 따라 세상 만물의
이치를 정리했다. 한국인의 음식도
이 원리에 따라 오방색, 오미 등으로
구성된다.
음식에 올리는 일종의 장식인 고명은
이 오색의 결정체라 할 수 있다.

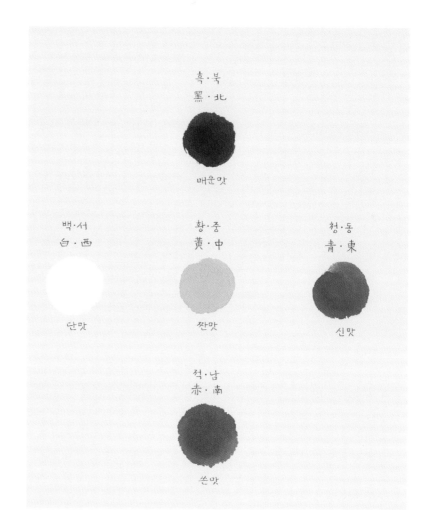

오행 배치	양陽		음陰		중앙中央
물질 | 형	목木	화火	금金	수水	토土
공간 | 오방	동東	남南	서西	북北	중앙中央
시간 | 오절	춘春	하夏	추秋	동冬	절기 교체
색채 | 오색	청靑	적赤	백白	흑黑	황黃
윤리 | 오륜	인仁	예禮	의義	지智	신信
신체 | 오장	비장	폐	간	신장	심장
맛 | 오미	신맛	쓴맛	단맛	매운맛	짠맛

김수자, 'To Breathe - Obangsaek',
2015. 137.5×222cm. Courtesy of
Kimsooja Studio ⓒ Sooja Kim /
ADAGP, Paris−SACK, Seoul, 2020.

린 당파가 임금을 중심으로 하나 되기를 바란다는 뜻이 담겨 있다.

신선로 역시 오훈채와 마찬가지로 다섯 가지 색이 한데 어우러지는 음식이다. 어육과 채소를 넣고 석이버섯을 비롯해 호두, 은행, 황밤, 실백, 실고추 등 오방색 재료를 얹은 후 국물을 부어 끓인 신선로는 산, 들, 바다, 하늘에서 나는 재료를 섞어 하나의 하모니를 이룬다. 제각기 다른 색채와 모양, 맛이 '맛의 교향곡'을 연주하는 것이다.

섞고 융합하는 건 이뿐만이 아니다. 주식인 쌀과 밀가루도 혼재돼 있다. 한식의 기본은 밥이지만, 그에 못지않게 국수 요리도 많다. 국물 문화라 할 만큼 탕과 국이 주류를 이루지만, 건더기 역시 중요한 먹거리라는 점도 남다르다. 이 같은 혼합성과 융합성, 수용성, 생성성이야말로 한식의 핵심이다. 원만하게 포용하고(圓), 버무리고(融), 만나고(會), 소통하는(通) 원융회통의 정신인 것이다.

한국 음식은 홀로 있는 음식도, 독자적 맛을 지닌 음식도 아니다. 다른 음식과의 관계 속에서 비로소 맛으로서 존재 이유를 갖는다. 그러므로 한국의 음식 문화는 '되다' 'becoming'의 상태이며, 생성론의 개념이다. 모든 것을 포용하고 통합하는 '포함적' 문화다.

담그다
삭히다

뭐든 삭혀야 제맛인
발효 문화

전통 막걸리를 빚는 복순도가의 50~70년 된 술항아리.
발효는 바로 이 숨쉬는 그릇, 옹기에서 시작되고 마무리된다.

① 한국 음식은 채소를 무침, 볶음, 전, 국,
전골, 찌개 등 여러 형태로 요리한다.
② 김만조·이규태·이어령 지음,
<김치 천 년의 맛>, 디자인하우스, 22쪽.
③ 김만조·이규태·이어령 지음,
<김치 천 년의 맛>, 디자인하우스,
22~23쪽.

1920년대 각 집마다 김치를 어떻게
보관했는지 알 수 있는 경기도 개성군
중서면 려육리 왕씨 가옥의 평면도.
기후 때문에 땅에 묻지 않고 가옥 안에
김치 저장고를 두었다. 장독대는 볕을
받을 수 있는 외부에 위치하도록 했다.
조선총독부, <조선부락조사예찰보고>
도판, 1923.

어떤 형태의 요리든 맛의 근원적 의미는 날것과 익힌 것, 즉 생식生食과 화식火食의 대립 항에 의해 구분된다. 요리 코드뿐만 아니라 인간 삶 자체의 코드가 그렇다. 신화의 상징에서도 그 유효성이 밝혀졌듯이 '날것은 자연' '익힌 것은 문명'이라는 대응 관계가 나타난다.

날것과 익힌 것의 요리 코드는 서양 음식에서 더욱 극명하게 드러난다. 서양의 육식 요리는 불로 구운 정도(rare, medium, well-done)로 맛을 차별화한다. 이와는 반대로 서양 음식에서 채소는 수프를 제외하면 대부분 날것 형태로 요리한다.[①]

문명과 자연의 이항 대립은 육식과 채식의 대립으로 나타나며, 서양 요리 체계는 익힌 것과 날것의 대립 항을 더욱 심화해가는 데 있다. 그러나 한국의 요리 코드는 화식과 생식의 대립 코드에서 일탈해 그것을 융합하거나 매개하는 제3항의 체계를 만들어낸다. 날것도 익힌 것도 아닌 삭힌 것의 맛, 바로 발효식이다. 생식과 화식 사이에 발효식이 개재介在됨으로써 요리는 새로운 삼각 구도를 띠게 된다.[②]

실제로 김치, 된장·간장·고추장, 젓갈 등 발효 음식은 한국 음식의 기저基底에 해당한다. 발효식이 여타의 많은 문화권에 존재함에도 불구하고 한국 음식의 패러다임을 발효식에서 찾는 이유는, 발효식이 한국 요리의 시스템이나 코드로 사용되고 있기 때문이다. 이를 증명하기 위해서는 음식 코드를 주거 코드로 옮겨보면 된다. 한국의 주택에는 앞마당과 그에 대립하는 공간인 뒷마당이 있다. 이 뒷마당을 상징하는 게 장독대다. 장독대는 된장·간장·고추장과 같은 발효식품을 발효 저장하는 기물(독)을 놔두는 곳으로, 장독대를 중심으로 한 주거 배치는 세계 어디에서도 찾아보기 힘들다. 발효 문화를 대표하는 것이 김치와 장류라고 한다면, 그것이 주거 형태로 나타난 것이 장독대다.[③] 3권 '가정의 제단, 장독대' 120쪽

배추를 날것으로 요리하면 샐러드가 되고, 불에 익히면 수프

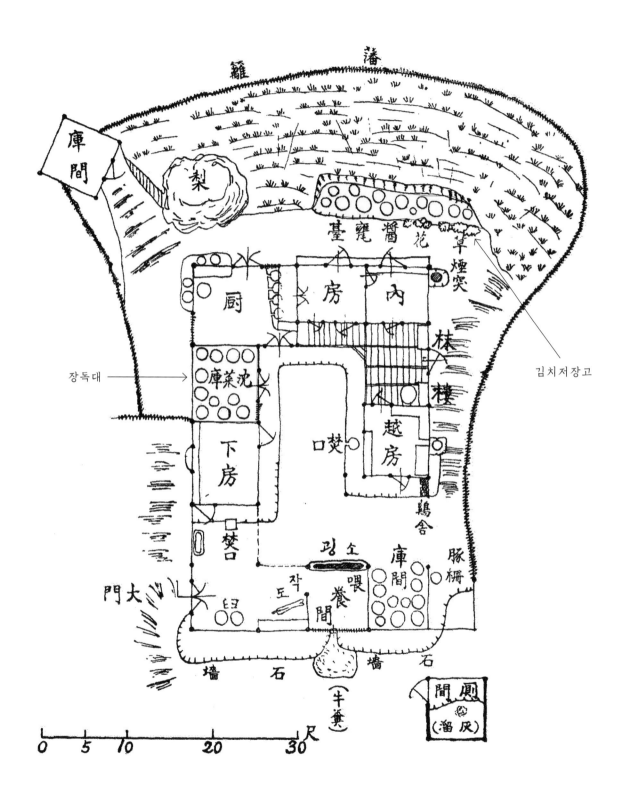

장독대 →

김치저장고

45

④ 김만조·이규태·이어령 지음,
<김치 천 년의 맛>, 디자인하우스, 23쪽.

가 된다. 그러나 그것을 삭히면 김치가 된다. 그 '삭힌 맛'은 샐러드 같은 자연의 맛이나 채소 수프 같은 문명의 맛에서는 찾아볼 수 없는 제3의 새로운 미각이다. 자연과 문명의 대립을 뛰어넘는 '통합(integral)'의 맛이라 할 수 있다.④

화식이 성급한 불의 맛이라고 한다면 발효식은 기다리는 시간의 맛이다. 한국의 대표적 발효 음식인 장醬(된장·간장·고추장)은 기다리고 용해하고 변화하는 시간의 지속 속에서 이루어진다. 콩을 삶아 메주를 만들고, 바람이 잘 통하는 곳에 말려 간장과 된장을 담그기까지, 그리고 독에 담아둔 간장과 된장이 발효돼 제맛이 들기까지, 대개 수개월 혹은 수년의 시간이 걸린다. 맑은 날에는 장독 뚜껑을 열어 햇볕을 쬐고 흐린 날에는 뚜껑을 닫아 비를 피하며 삭힌다. 한국 종가의 씨간장은 수백 년간 대를 이어 전해지기도 한다. 그렇게 오래 기다리고 삭힌 장은 그 시간만큼 깊은 맛을 품는다. 장에 박아 맛을 내는 장아찌 역시 마찬가지다. 깻잎, 고추, 양파 같은 채소는 물론 콩잎, 수박 껍데기, 참외 껍질처럼 응당 버려지는 재료마저 장에 묻은 후 일정 시간 삭히면 아삭하고 짭조름한 장아찌가 된다.

한국 대표 음식 중 하나인 김치야말로 삭힌 맛의 전형이다. 김치에서 가장 중요한 재료는 배추도 고춧가루도 아닌, 시간이다. 겉절이를 제외하면 김치는 샐러드처럼 즉석에서 먹을 수 없는 음식이다. 특히 김장 김치는 겨우내 쉽게 무르거나 상하는 일 없이 시원한 맛과 아삭한 식감을 유지할 수 있도록 땅을 깊이 파고 그 안에 독을 묻어 보관한다. 그런 의미에서 장과 김치로 대변되는 한국 음식 문화의 가장 중요한 재료는 콩이나 배추, 무가 아니라 시간일지도 모른다. 시간이 흐르면 자연물은 시들고 사그라지고 썩지만, 발효식은 그 누구도 막을 수 없는 부패의 시간성을 역이용해 새로운 맛을 창조해낸다. 이것이야말로 한국 음식의 고유한 특징이자 발효식의 지혜다.

한국의 대표적 발효 음식인 된장, 간장, 고추장을 담글 때 꼭 필요한 메주. 콩으로 만든 메주와 소금, 옹기, 시간 그리고 만든이의 정성이 한국 발효식의 원천이다.

발효의 맛이 탄생하기 위해서는 어둠의 시간도 필요하다. 한국의 김장독은 겨우내 땅속에 묻어 0℃에서 영하 1℃ 사이의 저온 환경을 조성하고, 산소 노출을 최소화한다. 야생의 풋것들은 어둠 속에서 점점 길들고 성숙해진다. 포도가 발효되면 술이 되는 것처럼 채소는 발효되어 김치가 된다. 불의 맛이 빛에서 태어난다면, 발효식의 맛은 어둠에서 빚어진다. 김칫독은 한민족의 건국 신화인 단군신화에서 동굴 같은 작용을 한다. 동굴 속에서 곰이 웅녀로 변신하듯, 김치는 김장독의 어둠 속에서 제3의 맛으로 변신한다. 이러한 신화 속 변신은 곧 김치의 발효 작용과 매한가지일 것이다. ↱ **3권 '김치는 한국 사람에게 왜 특별한가' 92쪽**

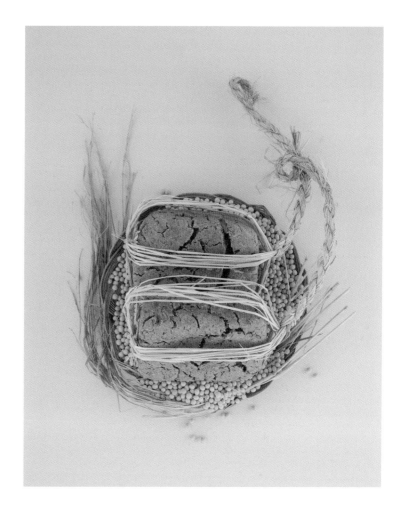

네 번째 비밀

캐다
따다
뜯다

나물 민족의 식생활,
채집 문화

윤두서, '채애도(나물 캐는 여인)',
비단에 담채, 해남 종가 소장.

① 이어령 지음, <우리문화 박물지>,
디자인하우스, 100쪽.
② 이어령 지음, <디지로그>,
생각의나무, 97쪽.
③ 이어령 지음, <디지로그>,
생각의나무, 95쪽.

산간 지역에서 산나물을 캐서 담거나
물건을 담아나르는데 쓰는 바구니.
짚풀생활사박물관소장.

옛날 한국의 여인네들이 집 밖을 나설 때 손에 들려 있던 것은 크리스
챤 디올이나 입생로랑 같은 핸드백이 아니었다. 마치 기구처럼 배가
부풀어 있는 바구니였다. 그리고 그 바구니는 단순히 물건을 담거나
사기 위한 것이 아니었다. 바구니를 낀 채 봄에는 나물을 캐고, 여름
에는 뽕잎을 따고, 가을에는 빈 밭에서 이삭을 주워 담았다. 나물 캐
는 여인네의 모습은 중국이나 일본에서도 구경할 수 없는 한국 특유
의 정경이었다. 캐고, 따고, 줍고…. 그 기능의 메타 언어는 '채집'이
다. 바구니 속에는 인간이 밭을 갈고 씨를 뿌리는 것조차 모르던 채
집 시대, 혈거민의 전설이 숨 쉬고 있다.① 빈 바구니를 들고 산과 들을
걸어 다닌 수렵·채집민의 느림과 여유의 정신이 나물 문화에 담겨 있
다. 농경문화와 산업 시대를 지나면서 서구인은 채집 문화를 망각했
으나, 유독 한국인만은 채집 세대의 흔적인 나물 문화를 그대로 간직
하고 있다.② ↪ 4권 '캐고, 따고, 줍는 누이 옆구리엔 바구니가 있었지' 83쪽

　　한국 음식 문화의 본류가 바로 채집 문화에서 시작된 나물 문화
다. 한국 음식에는 유독 나물류가 많다. 한국어 사전에서 '나물'이 들
어 있는 한국말을 검색하면 '가는갈퀴나물'부터 '흰바디나물'에 이
르기까지 무려 250가지나 나온다. 아마도 한국인은 "참기름만 있으
면 모든 풀을 나물로 무쳐 먹는" 민족일지도 모른다.③ 달래·냉이·도
라지처럼 뿌리를 캐 먹는 나물, 시금치나 취나물처럼 잎을
먹는 나물, 콩나물이나 숙주나물처럼 열매의
싹을 틔워 먹는 나물까지 식물의 잎·열매·줄
기·뿌리·껍질·새순 등 거의 모든 부분을
음식으로 만들어 먹는다. 말 그대로 먹
을 수 있는 식물은 거의 다 나물이 된다.
들나물이나 산나물을 캐 먹는 한국의 식
문화가 가난에서 비롯된 것이라 생각하는

④ 이어령 지음, <디지로그>, 생각의나무, 96쪽.

것은, 임금도 나물을 먹고 입춘이 되면 신하들에게 오훈채를 내린 옛 풍습을 잘 모르고 하는 소리다.④

무엇보다 한국인은 이 나물들을 생으로 먹기도 하지만, 살짝 데 쳐서 참기름·깨소금 등 갖은양념을 넣어 무쳐 먹기도 한다. 나물은 덩이와 입자형의 음식물과는 달라 금세 다른 것과 뒤엉켜 결합될 수 있다. 그래서 나물의 요리법은 무치는 것이고, 나물의 맛은 맵고 달 고 시고 짜고 쓴 오미가 된다. 무치는 것 외에도 나물죽, 나물국, 나 물찜, 숙채, 생채, 강회, 나물장아찌까지 한국인의 나물 조리법은 매 우 다양하다. 프랑스 인류학자 클로드 레비스트로스Claude Lévi-Strauss는 '요리 삼각형 모델'에서 날것은 자연을, 익힌 것은 문화를 의미한다고 했지만, 날것과 익힌 것의 대립 구조로는 한국인의 나물 문화를 설명할 수 없다.

한국인의 나물 사랑에는 해조류 채집 문화도 한몫한다. 삼면이 바다에 면한 지정학적 특성은 미역, 김 같은 해조류를 즐겨 먹는 문화 를 낳았다. 그중에서도 미역국은 한국을 대표하는 통과의례 음식이 라 할만하다. 한국인에게 미역국은 아이를 낳은 산모의 첫 식사이자, 해마다 생일상에 오르는 음식이다. 특히 산모가 먹는 미역은 '해산미 역'이라 해서 가장 질 좋은 미역을 값을 깎지 않고 사는 게 관례였다. 현대에 들어 미역과 김은 '한국의 슈퍼푸드'로도 부른다. 흔하지만 영 양가가 풍부한 음식이기 때문이다. 외국인이 '카본 페이퍼carbon paper(복사용으로 사용하는 먹지)'라 부르며 놀라워한 김은 지금 한 국을 찾는 외국인이 가장 선호하는 선물 목록이 되었다. 주로 참기름 이나 들기름을 바른 후 소금을 뿌려 구워 먹거나 부각으로 만들어 먹 는데, 김에 찹쌀풀을 발라 말려두었다가 기름에 튀겨 먹는 김부각은 바삭하면서도 고소하고 짭조름한 맛이 일품이다. 이 밖에 다시마로 는 육수를 내거나 튀각을 만들어 먹고, 파래나 톳은 고추장이나 된장

⑤ 고사리에는 독성 물질인 프타퀼로사이드ptaquiloside가 있어 방목 중인 소가 먹으면 급성 중독으로 혈뇨를 쏟으며 쓰러질 정도로 발암성이 강한 것으로 알려졌다. 하지만 이 물질은 수용성이어서 삶고 말리면 문제가 되지 않는다는 연구 결과가 발표되었다. 특히 염기에 약한 화합물이라 한국식 조리 과정에서 크게 감소한다는 연구 결과도 있다. 외국에도 고사리를 식용하는 민족이 있는데, 러시아 극동 지방에서는 고사리를 소금 속에 보존한 다음 조리해 먹고, 대만 등 동남아시아 나라에서는 샐러드로 만들어 먹는다. 아메리카 원주민도 고사리를 먹었으며, 북프랑스·인도네시아·인도 등에서도 다양한 방법으로 식용한다.

⑥ 1992년 도널드 저드가 안동 하회마을 풍산류씨 문중을 방문했을 때 상에 오른 삭힌 콩잎장아찌를 보고 전한 일화. 푹 삭혀 영양분을 담을 만한 최소한의 두께마저 사라지고 얇은 막만 엽맥에 걸쳐진 콩잎장아찌에서 도널드 저드는 미니멀리즘의 정수를 보았다고 했다. 극한의 결핍이 주는 지극한 경지, 입이 아닌 눈에서 정신으로 흡수해야 할 경지가 미니멀리즘과 맞닿아 있다.

에 무쳐 먹는데, 모두 몸에 이로운 건강식으로 꼽힌다.

한국인이 즐겨 먹는 나물 중에는 도라지, 고사리처럼 쓴맛 나는 것이 많다. 본래 식물의 쓴맛은 스스로를 보호하기 위한 보호막이다. 초식동물이나 인간이 먹지 못하도록 만들기 위한 자연의 생태적 시스템인 셈이다. 하지만 한국인은 이러한 시스템에서 새로운 가치를 찾아낸다. 입에 쓴 것, 사람들이 좋아하지 않는 것을 새로운 맛 또는 건강한 음식으로 재창조한다. 일례로 겉껍질을 벗긴 도라지는 소금을 넣고 바락바락 문지른 후 물에 헹궈 쓴맛을 없앤다. 어린잎을 꺾어다 한 번 삶아낸 고사리는 물에 한참 우려내 독기를 빼낸다. 삶은 후 말렸다가 다시 물에 불린 후 조리하기도 한다. 질경이나 씀바귀 같은 나물들 역시 비슷한 방법으로 쓴맛을 상쇄한다.⑤ ➦ 4권 '쓴맛 좀 아는 한국인' 56쪽

본디 요리란 먹을 수 없는 것을 먹을 수 있게, 맛없는 걸 맛있게 만드는 과정이자 결과다. 쓴맛과 독기를 우려내 먹을 수 없는 걸 먹을 수 있게 만드는 것, 물에 데친 후 갖은양념을 넣고 무쳐 아무 맛이 안 나는 나물에 맛을 더하는 것. 한국인이 나물을 조리하는 방식이야말로 요리 본연의 의미를 충족한다. 커피 등 주로 어른이 즐기는 기호 식품이 단것보다 쓴맛을 바탕으로 한 사실만 보아도 짐작이 간다.

이 밖에도 한국인을 나물 민족이라 부를 만한 이유는 차고 넘친다. 한국처럼 일부러 콩의 뿌리를 키워 콩나물을 만들어 먹는 나라는 극히 드물다. 콩은 전 세계인이 즐겨 먹는 흔한 곡물이지만, 콩으로 나물을 만들어 먹는 문화는 한·중·일 삼국에서도 중국 일부 지방과 한국에서만 발견되는 특성이다. 어디 콩나물뿐이랴. 미니멀 아티스트 도널드 저드Donald Judd가 "한국 사람은 왜 낙엽을 반찬으로 먹는가?"라며 놀라워했다는 삭힌 콩잎장아찌는 어떠한가.⑥ 한국인은 오래전부터 콩잎이나 깻잎 등 식물 이파리를 간장이나 된장에 담

⑦ 이어령 지음, <우리문화 박물지>, 디자인하우스, 41쪽.

한민족이 '나물 민족'임을 그대로 보여주는 농기구, 호미. 최근 '아마존 원예용품 톱10'에 선정되면서 해외에서도 호미 돌풍이 불었다.

가 오래 삭힌 후 밑반찬으로 즐겨 먹었다. 버려야 할 것을 버리지 않고 '버려' '두어' 새로운 식재료로 변모시킨 시래기는 또 어떠한가. 시래기는 김치를 담그고 남은 부산물인 무청이나 배추 겉잎을 푹 삶아 찬물에 우렸다가 겨우내 처마 밑에 말린 식재료다. 한국인은 이 시래기를 갖은양념한 후 기름에 볶아 시래기나물로, 된장을 걸러 붓고 끓여 시래깃국으로, 된장과 쌀을 함께 넣어 시래기죽으로 겨우내 즐기며 부족한 비타민을 보충했다. ↗ 4권 '나물 민족, 한국인' 46쪽

역사를 거슬러 올라가면 한국의 건국 신화인 단군신화에서도 나물 문화의 흔적을 찾아볼 수 있다. 환웅桓雄 신에게 사람이 되기를 청한 곰과 호랑이가 100일간 동굴에서 햇빛을 보지 못한 채 먹은 것이 쑥과 마늘이었다. 참을성 많은 곰은 쓴 쑥과 매운 마늘을 먹고 견뎌 사람이 됐고, 환웅과 결혼해 단군을 낳았다. 단군은 고조선의 시조로 한반도에 처음 나라를 열었으니, 나물 문화는 한국인의 DNA 속에 새겨진 정서라 해도 과언이 아니다.

한국인의 나물 문화는 호미와 같은 독특한 도구의 사용으로 이어졌다. 나물을 캐고 해조류를 채집하기 위해선 쭈그리고 앉아 땅을 파고 돌을 골라내는 뾰족한 도구가 필요했기 때문이다. 호미는 나물을 캘 때도 유용하지만, 흙을 북돋는 데도 요긴하게 썼다. 흥미로운 것은 나물을 뽑고 캐는 작업이든, 흙을 북돋는 일이든 호미의 방향이 항상 땅속 뿌리를 향한다는 사실이다. 근원을 파헤치고 뒤집어 새로운 생명을 품을 수 있도록 돕는 도구인 셈이다. 안으로 구부러진 호미의 형태는 지평선으로 확산해나가는 힘이 아니라 안으로, 또 뿌리로, 자기 자신으로 끝없이 응집해 들어오는 힘이다.⑦

다섯 번째 비밀

끓이다
삶다
찌다

국물 맛이 일품,
습식 문화

① 김만조·이규태·이어령 지음,
<김치 천 년의 맛>, 디자인하우스, 24쪽.
② 김만조·이규태·이어령 지음,
<김치 천 년의 맛>, 디자인하우스, 25쪽.
③ 한식의 특질 중 하나인 '버려둬
문화'에서도 찾아볼 수 있는 특징이다.
④ 국: 고기, 생선, 채소 따위에 물을 많이
붓고 간을 맞춰 끓인 음식.
탕: '국'의 높임말. 일상적으로는 밥을
국에 만 형태로 상에 오르는 국물 요리를
일컫는다.
찌개: 뚝배기나 작은 냄비에 국물을
바특하게 잡아 고기, 채소, 두부 따위를
넣고 간장, 된장, 고추장, 젓국 따위를
더해 갖은양념을 해 끓인 반찬.
전골: 잘게 썬 고기에 양념, 채소, 버섯,
해물 따위를 섞어 전골 틀에 담고 국물을
조금 부어 끓인 음식.

국물은 한국의 맛을 해독하는 중요한 코드 중 하나다. 서양의 요리 코드가 '고체-액체' '건식-습식'의 대립 항으로 이루어져 있다면, 한국의 요리 코드는 이 대립의 경계를 없애고 음식의 건더기(고체)와 국물(액체)을 함께 먹는 혼합 체계로 이뤄져 있다.①

서양 요리에선(수프처럼 정식으로 국물 요리를 만들 때를 제외하면) 조리 시 생기는 국물은 음식을 익히는 수단으로, 일종의 노이즈noise로 생각해 없애버린다. 반면 한식에서 국물은 수단이자 목적이다. 면을 끓이기 위해 부은 물도 버리지 않고 국수와 함께 요리 속으로 끌어들인다. 칼국수나 라면 그리고 한식화한 국물 스파게티 등이 좋은 예다. 김치는 어떠한가. 김치가 같은 문화권인 중국의 자사이(榨菜)나 일본의 오싱코(おしんこ)와 다른 점은 국물이 있느냐 없느냐, 국물과 함께 먹느냐 먹지 않느냐에 있다. 자사이나 오싱코는 조리 과정 중 생긴 국물을 씻어내고 건더기만 남긴다. 하지만 한국에선 김치의 발효 과정에서 생기는 국물을 버리는 법 없이 함께 먹는다. 꼭 국물김치가 아니더라도 김치나 깍두기에는 꼭 국물이 따라다닌다. 국물과 건더기는 맛에서도 보완 작용을 해, 국물이 마르면 건더기의 맛도 죽어버린다. 건더기와 국물은 동양 사상에서 음양 조화의 관계와 같은 것이다.②

한국인은 김치 국물을 활용해 전골도 만들고 찌개도 끓인다. 남들은 불필요하다 생각하는 것, 부수적이고 잉여적인 것을 제거하지 않고 포섭하는 것이다. 노이즈를 허용할 뿐 아니라 그 우연성을 적극적으로 살려 맛의 체계를 변화시키는 것, 이것이 한식에 담긴 또 하나의 지혜다.③ 그리고 이러한 측면에서 서양 음식 문화를 배제적이라고 한다면, 한국 음식 문화는 포함적이라 정의할 수 있다.

한국인의 밥상에 매끼 빠지지 않고 오르는 것이 국, 탕, 찌개, 전골④로 대표되는 국물 음식이다. 설렁탕·갈비탕·곰탕 같은 '탕' 종류,

⑤ 이어령 지음, <우리문화박물지>,
디자인하우스, 153쪽.

국물 문화의 핵심 도구, 가마솥. 요즘
한국인은 집에서 작은 크기의 주물
가마솥에 밥을 지어 먹기도 한다.

김치찌개·된장찌개·두부찌개 같은 '찌개' 종류, 쇠고기전골·해물전골·곱창전골 같은 '전골' 종류는 한국인이 즐겨 먹는 국물 음식이다. 오래 끓여서 만든 한국의 국물 음식은 원재료의 깊은 맛을 우려내는 데 집중한다. 그리고 한국인은 이렇게 진하게 우려낸 국물에 밥을 말아 먹는다. 밥을 다 먹은 후에는 국물까지 후루룩후루룩 마신다. 밥과 국, 건더기와 국물이 함께 뒤섞인 한국식 국물 문화는 '음식'이라는 말 자체에서도 그 흔적을 찾아볼 수 있다. 음식의 음飮은 마시는 것이고 식食은 씹어 먹는 것으로, 한국에서 음식은 반드시 고체식과 유동식을 한데 묶어 생각한다. 마시는 것과 먹는 것이 동일 선상에 놓이는 것이다. 하지만 같은 한자 문화권인 일본에서는 음식이라는 말을 쓰지 않는다. 그들은 음식을 '다베모노(食物)'라고 해 마시는 것을 제외한다. 마시는 것과 먹는 것을 다른 층위에 놓는 것이다. 영어의 푸드 food에도 음료 개념은 포함되지 않는다. 서구의 고체·액체 요리 코드로 볼 때 우리의 국물 음식은 빵이나 비프스테이크를 수프에 말아 먹는 것과 같다. 다분히 탈코드적인 요리로 보일 것이다.

한·중·일 삼국이 같은 젓가락 문화권에 속하지만 유독 한국에서만 젓가락과 숟가락을 짝지어 사용하는 수저 문화가 발달한 것도 국물 문화 때문이다. 숟가락은 국물을 떠먹기 위해 필요하고, 젓가락은 건더기를 집어 먹을 때 주로 사용한다. 음飮이 음陰이라면 식食은 양陽이다. 건더기의 양陽은 젓가락이 맡고, 국물의 음陰은 숟가락이 맡는다. 형태도 젓가락은 길쭉해서 양이고, 숟가락은 움푹해서 음이다.⑤ 세상 만물이 음양의 조화를 이루듯 음식과 수저는 함께일 때 조화롭다. ↱ 5권 '수저의 나라, 한국' 73쪽

이처럼 한국의 음식 문화는 '물'이 핵심이다. 이에 비해 서양은 '불'이 더 중요하다. 한국에선 물을 이용해 시루에 떡을 찌지만, 서양에선 물 없이 오븐에서 빵을 굽는다. 물맛과 불맛, '시루'와 '오븐', '떡'

과 '빵', '찌다'와 '굽다'가 대립 항을 이루는 것이다. 찌고 고고 끓이는 게 한국의 물맛이라면, 굽고 볶고 기름에 튀기는 것이 서양의 불맛이다. 한식이 국물이 주가 되는 가정식 중심의 인도어indoor 음식이라면, 서양식은 스테이크나 바비큐 중심의 아웃도어outdoor 음식인 셈이다.

이 같은 전혀 다른 요리 방식은 조리 도구나 식기에도 큰 영향을 미쳤다. 한식은 고고 끓이는 게 기본이기 때문에 대부분의 요리를 솥에 한다. 한때 부엌의 중심에 솥이 놓였던 이유다. 이처럼 과거에는 커다란 가마솥에 밥을 짓고 국, 탕, 찌개까지 끓였다면 지금은 압력솥이나 전기밥솥으로 밥을 짓고 국, 탕, 찜 등의 요리도 한다. ↱2권 '가마솥부터 압력솥까지, 밥심 잡는 도구' 63쪽

이에 비해 서양은 오븐에 빵, 고기, 생선을 구워 먹거나 불로 뜨겁게 달군 돌 위에서 꼬챙이에 꿴 고기, 채소, 생선을 롤링rolling해가며 구워 먹는다. 따라서 예나 지금이나 서양의 부엌은 오븐이 중심이다. 오븐이 있는 곳에 신이 머무른다는 얘기가 나오는 이유다. 서양의 거실 중앙에 벽난로(fireplace)가 있는 것도 비슷한 개념이다.

조리 도구뿐 아니라 식기도 한국과 서양은 완전히 다르다. 국물 문화가 발달한 한국에선 국물을 담을 움푹한 공기, 사발, 종지, 뚝배기 등이 필수지만 서양은 접시만 있으면 어떤 음식이든 담을 수 있다. 한국을 사발 문화, 서양을 접시 문화라 부를 수밖에 없는 이유다.

K-FOOD
선언

한국의 식문화는 기다림을 통해 완성된다. 그렇게 삭히고 끓이고 무치고 섞어서 완성한 한식은 발효 문화와 국물 문화, 나물 문화와 융합 문화를 대변한다. 그리고 이 모두는 순환과 역설의 원리를 품은 채 조화롭게 어우러진다. '배제'하지 않고 '포함'하며, 서로가 서로를 포용하고 화합한다.

한식은 결코 과거의 기억이나 전통의 맛만을 고수하지 않는다. 현재의 맛과 이국의 문화를 적극적으로 받아들이며 진화하고 발전한다. 이탈리아의 대표 음식인 파스타에 국물을 더해 국물 파스타를 만들고, 패스트푸드의 대명사인 햄버거에 밥과 불고기 등 한국의 대표 음식을 결합해 새로운 맛을 창조해낸다. 또한 서양의 맥주와 한국의 치킨을 결합한 '치맥' 문화로 많은 해외의 젊은이를 한국으로 불러들인다.

이처럼 한식의 경쟁력은 이미 완성돼 끝난 맛이 아니라, 끊임없이 진화하고 발전하는 현재진행형의 맛 속에 숨어 있다. Being존재이 아니라 Becoming생성의 미학美學, 융합의 미학味學이야말로 K-푸드로 세계에서 각광받고 있는 한식의 특성이라 할 수 있다.

한국의
특별한
맛

왕과 왕후가 즐긴 최고의 밥상,
궁중 음식

글·한복려(궁중음식연구원장)

① 조선 전기 신숙주, 정척 등이 왕명을
받아 오례(길례吉禮, 가례嘉禮,
빈례殯禮, 군례軍禮, 흉례凶禮)의 예법과
절차 등을 그림을 곁들여 편찬한 책.
② 조선 시대 왕실의 의례를 자세히
기록한 서책. 실록 등에도 의례 기록이
남아 있지만, 규모가 방대하고 내용을
상세히 기록해야 하며, 행차 모습 등을
그림으로 표현해야 하는 의례는 의궤로
제작했다.
③ 중앙 관서와 궁중의 수요를 충당하기
위해 여러 군현에 부과해 상납하게 한
특산물.

늦은 밤 왕과 왕비에게 올리던
야다소반과夜茶小盤果.
각색인절미병, 면, 다식과 등 12기를
자기에 담아 흑칠족반 위에 올렸다.
ⓒ궁중음식연구원

한국은 부족국가 성립 이후 줄곧 왕이 통치한 왕조 사회지만, 한국인이 '궁중 음식'이라 칭하는 것은 마지막 왕조인 조선(1392~1910)의 음식이다. 지금과 가장 가까운 시대이면서 역사적 기록으로 음식 문화를 확인할 수 있기 때문이다.

조선 궁궐은 왕과 왕비를 비롯한 왕족의 생활 영역과 그들의 생활을 시중드는 궁녀·내시 등 기능직 종사자들이 일하고 거처하는 영역, 왕의 통치 업무를 보좌하는 관리들의 업무 영역, 궁궐 전체를 경비하기 위한 수비 영역으로 나뉘었다. 체계적으로 구획된 공간에서 왕은 국가가 정한 <국조오례의國朝五禮儀>①의 예법과 절차에 따라 조상을 숭배하고, 효를 통해 모범을 보이며, 백성을 통치했다.

무엇보다 조선의 통치 이념인 유교 사상을 바탕으로 한 의례는 장엄하고 화려하면서도 권위와 절제를 갖추었고, 이는 춤과 음악 그리고 음식으로 표현되었다. 왕실 의례 중 음식상이 가장 두드러지게 보이는 것이 연희와 제사였다. 국가적 차원으로 기록을 남긴 의궤儀軌②에는 숭배와 공경의 뜻을 담은 연희와 제사 상차림이 상세히 기술되어 있다. 이는 세계 어느 나라에서도 찾아볼 수 없는, 한국만이 가진 음식 문화유산이다.

궁중 음식은 누가, 무엇으로 만들었나

궁에서 벌어지는 의례는 수없이 많고, 왕과 그 가족이 사는 공간에 필요한 물건 또한 가짓수나 물량이 어마어마했을 것이다. 그 물건은 모두 어디에서 왔을까? 조선 시대 백성은 그 지역 특산물을 왕이 사는 궁궐에 공물貢物③로 바쳤다. 그릇·직물·종이·자리류 등 수공업품, 생선·조개·산짐승·날짐승·과실 등의 식품과 한약재 그리고 광산물, 모피류, 목재류 등이 주요 공물이었다. 왕조 사회인 조선은 모든 땅을 왕의 소유로 여기는 것을 당연시했으니, 그 땅에 사는 백성이 왕에게 감사 표시를 하는 것도 당연하다 여겼다. 특산품으로 왕에게 예를 표

조선왕조 궁중 음식은 음식을 먹고
즐기는 것으로 보는 문화권의 호화로운
왕가 음식과 달리 엄격한 질서를
중시했다. 유교 전통에 따라 법도를
중시했는데, 이 점이 확연히 드러나는
것이 경축일에 차린 연회상이다. 궁중
연회는 왕을 비롯한 왕족과 관리 등
수백 명이 동원되고 참여해 왕실의
권위를 보여주는 자리로, <진연의궤>
<진찬의궤><진작의궤>에 이를 자세히
기록했다.
'무신진찬도병', 국립중앙박물관 소장.

하는 것이 바로 공물이었다. 쉽게 말하면 세금을 내는 것이라 볼 수 있다.

각지에서 진상한 식품은 사옹원司饔院 소속의 소주방이나 수라간에서 조리하거나 가공한 후 궁궐 각 전에 전달했다. 옹饔은 '음식물을 잘 익힌다'는 뜻으로, 사옹원은 왕가의 식생활을 도맡아 운영하는 기관이다. 일상식 외에도 연회식, 제사식 등을 마련하고 올리는 업무를 담당했다. 대전大殿④과 중궁전中宮殿⑤, 세자궁世子宮⑥과 대비전大妃殿⑦에는 각각 음식을 만드는 공간과 전속 조리사가 배속되었는데, 왕족의 식사와 궐내 음식 공급을 효율적으로 하기 위해 침전寢殿 가까이 배치했다. 남성 조리사인 숙수熟手와 주방 소속 궁녀들이 수라나 작은 잔치 또는 손님 접대 음식을 만들거나 차리는 일을 담당했다. 사옹원 소속 숙수들은 대부분 국가 행사 같은 큰 잔치를 치렀는데, 총책임자인 제거提擧⑧ 아래 각각 역할이 주어졌다. 불 다루기, 삶기, 고기 다루기, 고기·생선 굽기, 밥하기, 두부 만들기, 술 빚기, 떡 만들기, 차 달이기, 상 차리기, 기물 간수하기처럼 세분화된 역할에 따라 음식상을 차려냈다.

궁중 식생활의 요체, 수라

궁에는 층층시하의 왕족이 살았고, 그들도 궁 밖에 사는 이들처럼 매일 끼니마다 밥을 먹었다. 의례 같은 특별한 때에도 궁중 상차림을 볼 수 있지만, 그들의 일상식에서도 궁중 식생활을 살펴볼 수 있는 이유다.

요즘은 궁중 음식을 대표하는 말로 '수라'를 쓰고, 상 가득히 진귀한 음식을 차리면 '수라상'이라 부른다. 그러나 본래 수라는 고려가 13세기 원나라와 교류하며 궁중어로 쓰던 말이다. 몽골족이 천신에게 제사 지내는 상을 뜻하는 'širege'에서 유래한 것으로 알려져 있다. 정확히 말하자면 왕·왕비·대비·대왕대비가 받는 상을 수라라 하고, 다른 왕족이 받는 상은 진지라 불렀다.

수라상의 근거가 되는 자료는 1795년 정조가 어머니 혜경궁홍씨의 회갑연을 열기 위해 8일간 수원 화성으로 행차한 내용을 담은 <원행을묘정리의궤園幸乙卯整理儀軌>로, 끼니마다 먹은 상차림이 기록되어 있다. 궁궐 상차림이란 국가의 예법이 일상화된 공간에서 만들어낸 것이기에 한국 대표 상차림이라 하겠다. '조선왕조 궁중 음식' 분야가 국가무형문화재로 지정된 이유는 궁중 상차림을 명확히 알 수 있는 기록이 남아 있고, 조선 말기 궁에서 수라를 짓던 마지막 궁녀 한희순 상궁이 궁중 음식의 명맥을 이어주었기 때문이다.

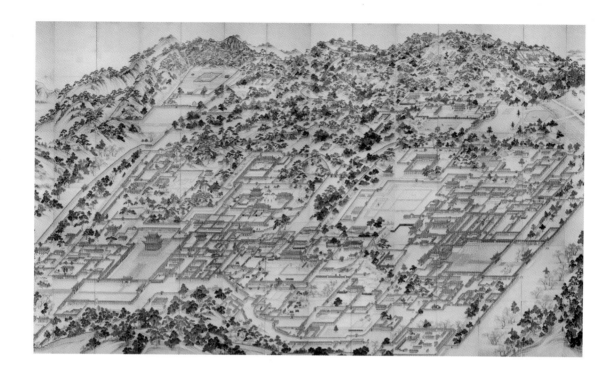

식재료를 풍요롭고 다양하게 쓸 수 있던 궁중의 밥상 '수라상'은 당연히 찬의 가짓수가 많았다. 왕족도 세끼 밥 사이에 간식 시간이 있어 식사 횟수가 많은 편이었다. 아침 자리에서 일어나 아주 간소한 죽상을 받고, 오전 9~10시경에 아침 수라상을 받았다. 점심에는 밥이 아닌 면상을 대하고, 저녁 6시경에 저녁 수라를 받았다. 그사이에 떡이나 과자, 차 등으로 다과상을 받았다. 정해놓고 매번 5~6회의 식사를 하는 것은 아니고, 손님을 맞이하거나 취향에 따라 횟수가 줄어들기도 했다.

숙수와 궁녀가 음식을 만들었다면, 임금의 처소에 직접 음식을 올리는 것은 내시부內侍府⑨와 내명부內命婦⑩의 일이었다. 음식의 진어進御⑪는 내시부 내관과 내명부 궁녀들이 주로 맡았고, 특히 '섬니내관'은 진상한 음식의 재료를 검수하거나 음식을 직접 맛보는 역할을 했다. 임금과 가장 가까운 왕후나 세자가 검수한 경우도 있었고, 조선왕조 말기에는 제도가 지켜지지 않아 지밀상궁至密尙宮이 그 역할을 맡았다.

궁중 음식이라 해도 언제나 넉넉히, 잘 차려 내지는 않았다. 실록을 살펴보면 잔치도 취소하거나 규모를 줄이는 예가 많이 나온다. 왕의 식사와 관련해

⑫ 종이로 각종 꽃을 만들어 음식 위에 꽂는 것.
⑬ 임금이 퇴선한 뒤 여러 신하에게 음식을 내려 친분을 확인하고, 자신에게 더욱 충성하기를 바라는 마음을 담아 물건을 싸서 보내는 것.

가장 많이 나오는 말이 '감선減膳'인데, 왕은 백성의 살림살이나 천재지변 등이 사람의 힘으로 어찌할 수 없는 지경에 다다르면 자신의 부덕을 탓하며 백성의 어려움을 위로하고 함께함을 보여주는 수단으로 음식 가짓수를 줄였다.

궁중 음식의 극치, 잔치 음식

궁중 음식의 화려하고 다채로운 면모는 일상 음식인 수라상보다는 역시 궁중 잔치 음식에서 볼 수 있다. 의궤의 기록을 보면 왕실의 번창과 왕족의 장수를 기원하는 고배상高排床을 전각 외부나 내부에 화려하게 차려놓고, 주인공은 그 앞에 앉아 의식을 거행했다. 고배상은 몇십 가지 음식으로 문양을 그리듯 높이 쌓는 것이 특징으로, 의궤를 통해 잔치 횟수와 각 잔치마다 차린 음식의 가짓수, 높이, 상화床花⑫ 종류와 개수 등을 알 수 있다. 음식을 준비하는 장소와 책임자, 행사 일정, 상차림 종류, 상차림에 사용한 식기와 상도 기록되어 있다. 상차림마다 받는 대상을 적었고, 그 아래에 음식명을 기록했으며, 음식명 밑에는 작은 글씨체로 고임 높이와 음식에 사용한 식품 재료명, 분량 등을 적었다.

궁중 잔치에서는 많은 손님을 초대해 춤과 노래, 음악을 곁들이고 연회의 흥취를 돋우면서 맛있는 음식을 함께 즐겼는데, 초대받은 손님과 참여한 종사자 모두 차등을 두어 상차림을 다르게 받았다. 왕권 사회는 신분에 따른 구별이 뚜렷하고, 먹는 음식에도 차이를 두었기 때문이다. 왕과 왕족에게는 많은 가짓수의 음식을 높이 쌓은 고배상을 올리고, 손님에게는 사찬상을 올렸다. 음악을 연주하거나 춤을 추고, 잔치 관련 일을 하는 종사자들에게도 간단한 국수상이나 국밥상, 술상을 단체로 먹도록 차려 내기도 했다. 1000명 이상의 군인에게는 술 한 잔에 떡 한 덩이를 주거나 돈을 주어 나가서 사 먹게 하기도 했다.

예부터 잔치에 참석하지 못한 가족을 위해 음식을 싸가도록 하는 전통이 있었다. 잔치 중심에 놓은 과자, 떡, 고기 음식을 헤치지 않고 품목별로 포장한 후 들것인 '가자'에 실어 종친과 신하들을 통해 양반가에 전했다. 이는 바로 봉송封送⑬의 전통이라 하겠다. 궁에서 나온 음식은 귀한 것이기에 반가 사람들은 이를 자랑으로 여겼고, 궁중 병과를 먹어본 후 그대로 만들곤 했다. 나름대로 궁중 음식법을 습득한 것이다. 세계적으로 음식 발달은 상류층에서 이루어지고, 그 영향은 아래로 흘러가게 된다. 궁중 음식이 반가 음식과 자연스레 이어지고, 현대에 와서도 그 전통이 대중 음식 속에 남아 있음을 쉽게 볼 수 있다.

위 사진·정조의 화성 행차 시 어머니인
자궁慈宮(혜경궁홍씨)에게 올린
조다소반과. 수라상을 전후해 아침에
받는 다과상으로, 16기를 자기에
담아 흑칠족반 위에 올렸다. 다식과,
각색병(떡), 각색다식, 각색강정,
각색정과, 산약, 편윤, 전유화, 수정과, 면
등을 3~5촌 높이로 고였다.
아래 사진·역시 정조의 화성 행차 시
경로잔치인 양로연을 베풀고 대전에
올린 한 상. 두포탕, 편육, 흑태증, 실과
등 4기를 자기에 담아 주칠운족반에
올렸다. 정조에게도 주칠운족반을
올렸고, 노인들에게는 4기를 자기에 담아
425개의 상을 차렸다.
ⓒ궁중음식연구원

궁중 음식으로 차리는 큰 상에는 반드시
음식을 쌓아 올렸다. 이때 고이는 높이는
5촌, 7촌, 1척, 1척 3촌, 1척 5촌 식으로
늘어났다. 음식을 높이 고여 그 위를
꽃으로 장식하는 상을 고배상이라
하는데, 다른 나라의 상차림에서는
좀처럼 볼 수 없다.
ⓒ궁중음식연구원

궁중 잔치에서는 왕실의 번창과 왕족의 장수를 비는 고배상을
화려하게 차리고, 주인공은 그 앞에 앉아 의식을 거행했다.
모든 궁중 음식은 왕과 왕족의 건강, 안위를 우선했다.
궁중 내의원에서는 사옹원으로 하여금 질 좋은 제철 식재료를
구하게 하고, 음식 한 품에도 오색 재료와 오미가 담기도록
철저히 감독했다.

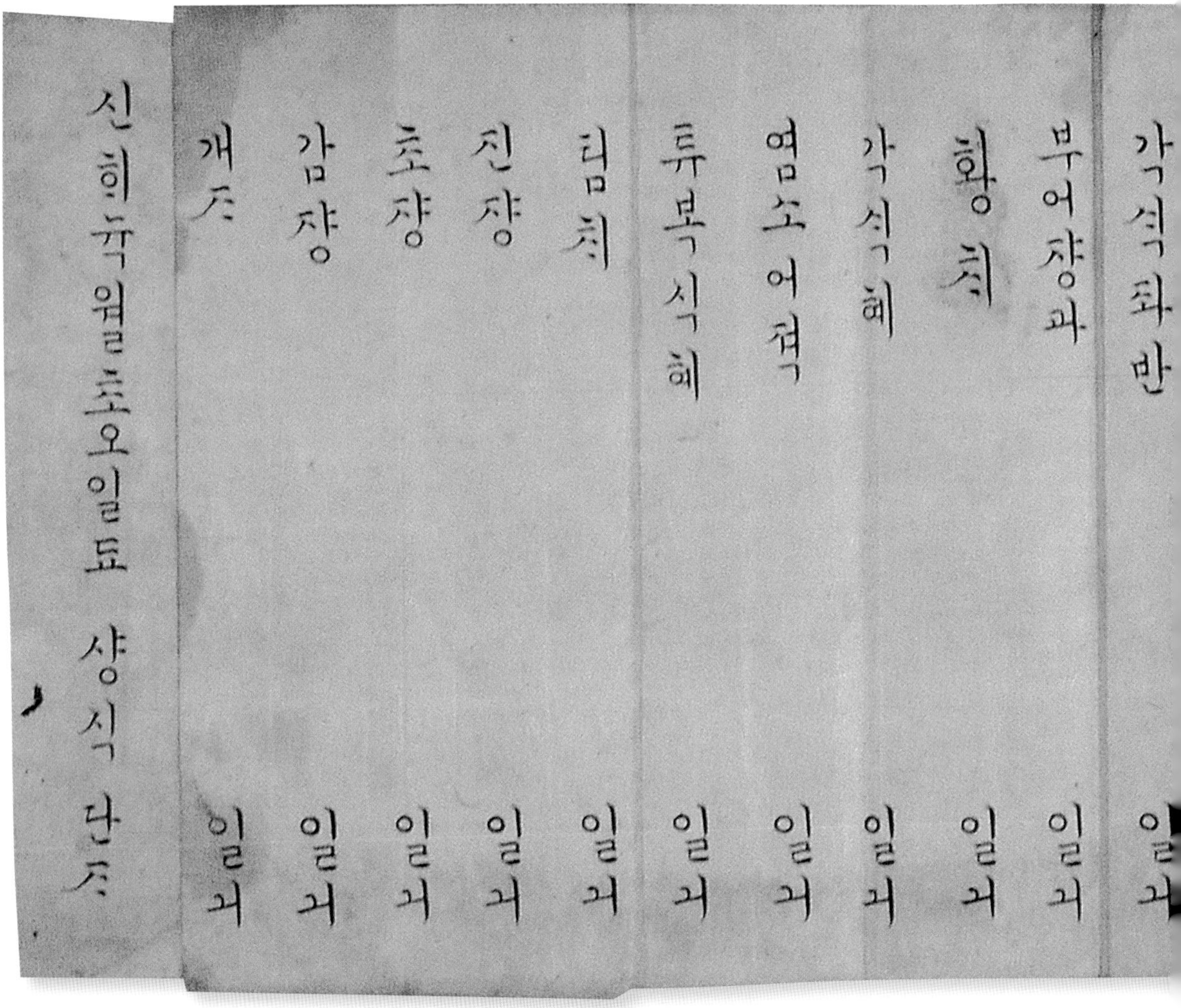
각석좌반 일긔
부어장과 일긔
황젹 일긔
각석혜 일긔
염소어젹 일긔
튜복식혜 일긔
딤ᄎᆡ 일긔
진장 일긔
초장 일긔
감장 일긔
개ᄌᆞ 일긔
신희뉵월초오일됴 상식단ᄌᆞ

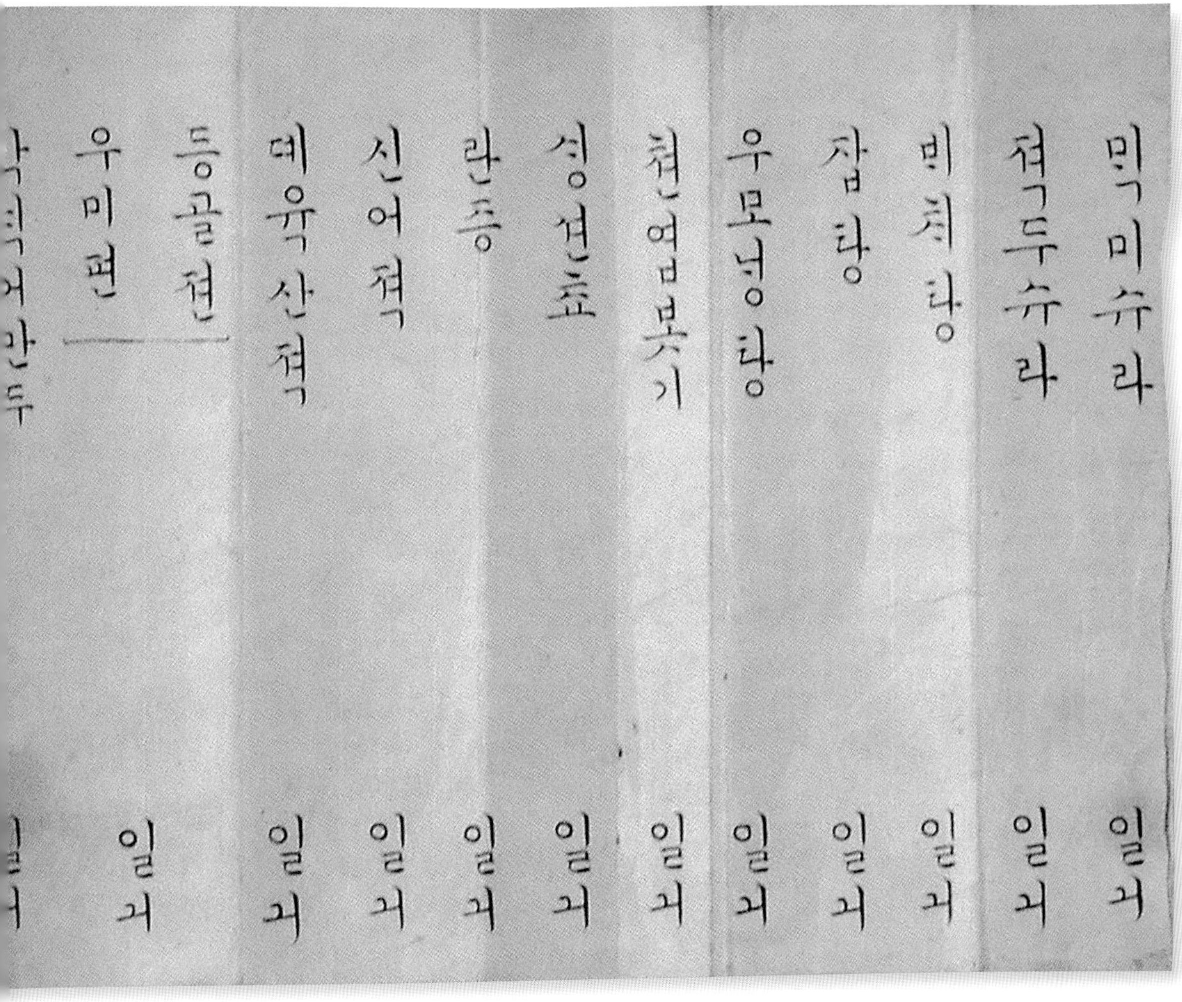

믹미슈라 　일거

젹구두슈라 　일거

비쳐당 　일거

잡당 　일거

우모닝당 　일거

쳔영딤ㅅ기 　일거

셩젼됴 　일거

란증 　일거

신어젹 　일거

뎌육산젹 　일거

듕골젼 　일거

우미편 　일거

ㅏ그력거갓두 　일거

궁에서 벌이는 작은 잔치를 기록한 '발기'.
음식 계획안 같은 것으로, 사용한 물품의 목록과
수량, 음식명, 그릇과 인명 등을 한지에 한글로
열기했다. 국립민속박물관 소장.

⑭ 조선 시대 삼의원三醫院 중 하나.
궁중의 의약醫藥을 맡아보던 관아다.

정조의 화성 행차 장면을 그린 화첩식
의궤도인 <원행을묘정리의궤> 중 한
부분. 원행에서 돌아와 창경궁 홍화문
앞에서 백성에게 쌀을 내리는 장면을
그렸다. 국립중앙박물관 소장.

궁궐도 가족이 모여 사는 곳이므로 각 전마다 작은 잔치가 이어졌고, 때마다 일가친척을 불러 음식을 먹이곤 했다. 이들 왕족이 차려낸 규모가 작은 접대식이나 제사식의 상차림, 또 공을 세워 상으로 내린 사찬 등에 관해 적어놓은 기록 또한 지금까지 전해진다. 흰 종이에 한글로 상차림이 적혀 있고, 누구를 위한 어떤 목적의 잔치인지도 첫머리에 쓰여 있다. 함께 초대한 사람들에 따른 상차림도 달리 적혀 있다. 이 기록이 바로 '발기發記'다. '음식을 뽑아낸다'는 뜻에서 나온 이름으로 1800년 후반부터 1900년 전반까지 궁중 잔치를 기록했는데, 대부분 한글로 기록해 가장 가까운 시기의 궁중 음식을 살필 수 있는 자료다. 그러나 의궤처럼 재료까지 상세히 담겨 있지는 않아 아쉬운 점이 있다.

궁중 음식은 약이다

궁중 음식은 엄격한 예법 아래 만들며, 모든 음식은 왕과 왕족의 건강과 안위를 우선했다. 궁중 내의원內醫院⑭에서는 사옹원으로 하여금 질 좋은 제철 식재료를 구하게 하고, 음식 한 품에도 오색 재료와 오미가 담기도록 철저히 감독했다. 사물의 근본인 물·불·나무·쇠·흙에서 비롯한 음양오행을 통해 짠맛·단맛·신맛·매운맛·쓴맛의 오미와 황·적·청·백·흑의 오색이 어우러지게 먹어야 건강할 수 있다는 생각을 음식에 담았다. 무엇보다 조선 궁중 의원들은 일찍이 식이요법에 관한 의서를 발간하며 "사람이 세상을 사는 데 음식이 첫째이고, 그다음이 약이다. 치료도 반드시 음식으로 먼저 하는 것을 우선한다"라고 강조했다. 궁중 음식 또한 약이라는 원칙을 두었기에 궁중 의원들은 음식에 관한 지식을 끊임없이 쌓아야 했다. 그들의 뜻을 살펴볼 수 있는 좋은 예가 한류 붐을 일으킨 MBC 드라마 <대장금>이다. 임금의 병을 간호하던 의녀 장금을 통해 '약식동원藥食同源'이라는 궁중 음식이 지닌 본뜻을 한국인뿐만 아니라 세계인에게 전파한 드라마다.

궁이라는 특수한 공간에서, 가장 신선하고 질 좋은 재료를, 건강을 우선으로 살피는 의원들의 관리 아래, 수십 년 조리 기술을 익힌 사람들이 만들어온 궁중 음식은 한식의 정수라 해도 과언이 아니다. 과거의 훌륭한 문화유산은 기록으로만 남겨서는 안 되고, 후손에게 쓸모 있게 쓰여야 가치가 빛난다. 모두가 먹을 수 있고, 그 시대에 살고 있는 사람들이 만들어가며, 즐거움을 찾아가는 음식이어야 한다. 궁중 음식도 마찬가지다.

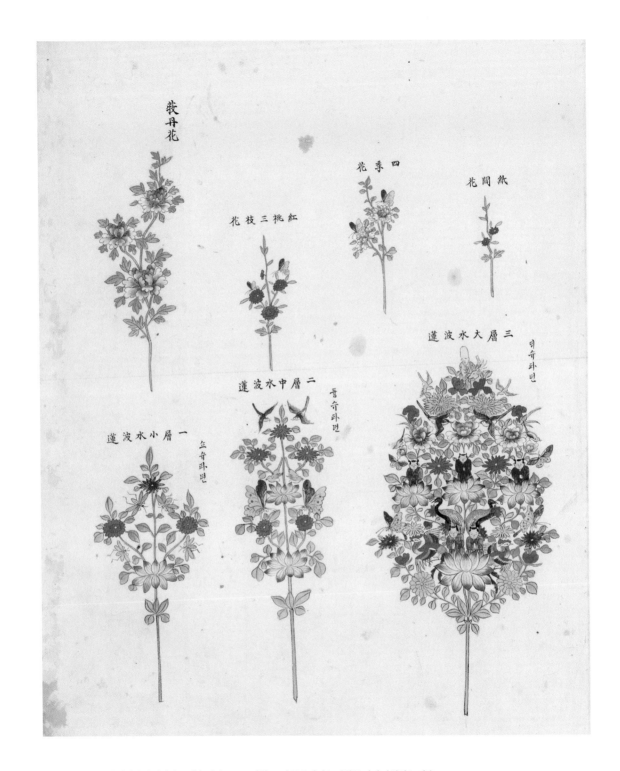

牧丹花

花枝三桃紅

花季四

花間紙

蓮波水大層三
틔슈타뎐

蓮波水中層二
듕슈타뎐

蓮波水小層一
쇼슈타뎐

갖가지 진미로 차린 잔칫상에 권위와 품격을 더하는 궁중 채화. 조선 궁중에서는 생화를 꺾어 장식하는 것을
금지해 비단과 모시 등으로 조화를 만들었다. 연회 공간을 꾸미는 꽃을 준화, 잔치 음식에 꽂는 꽃을 상화,
머리에 꽂는 꽃을 잠화라 불렀다. <원행을묘정리의궤>에 실린 채화도. 국립중앙박물관 소장.

器用圖

白甓樽

犀盃

일日월월月甁瓶

五呈盃

五呈甁

銀盞

酒樽罇

花樽

왕과 왕족에게 올리는 음식을 차릴 때 사용한 상과 그릇의 목록, 수량, 비용과 그 비용을 마련한 기관에 대한 설명까지 그림과 글로 남겼다. <원행을묘정리의궤>에 실린 기용도. 국립중앙박물관 소장.

조선왕조 궁중 음식의 대를 이은 세 사람

조선 왕실의 마지막 주방 상궁

한희순

자칫 조선왕조의 멸망과 함께 사라질 뻔한 궁중 음식이 오늘날에 이를 수 있었던 건 조선 왕실의 마지막 주방 상궁 한희순(1889~1972)의 공이 컸다. 열세 살 어린 나이에 덕수궁의 주방 나인(內人, 궁중에서 왕과 왕비의 시중을 들던 궁중 여인)으로 입궁해 조선의 마지막 왕인 고종과 순종의 식사를 총괄한 그녀는 순종의 계비인 순정효황후의 지극한 사랑을 받았을 만큼 궁중 음식에 대한 조예가 깊었다.

　　1957년 발간한 <이조궁정요리통고李朝宮廷料理通考>는 이를 반영한 저작이다. 제자 황혜성 교수와 함께 집필한 이 책은 궁중 음식 상차림부터 궁중 음식의 종류와 조리법, 요리 용어에 이르기까지 궁중 음식에 관한 모든 것을 담았다. 이전까지만 해도 입에서 입으로 전해지던 궁중 음식을 계량화해 현대적 조리법으로 기술함으로써 오늘날의 궁중 음식에 이르게 한 근간인 셈이다.

궁중 음식 현대화를 이끈 선각자

황혜성

한희순 상궁의 뒤를 이어 궁중 음식 제2대 기능보유자로 지정된 황혜성 (1920~2006) 교수는 다양한 저작을 통해 궁중 음식 현대화를 일군 주인공이다. 숙명여자전문학교 교수로 재직 중이던 1940년대 초반부터 약 30년간 한희순 상궁으로부터 궁중 음식 조리법을 전수했으며, 1971년 궁중 음식이 중요무형문화재 제38호로 지정되는 데 지대한 역할을 했다. 옛 문헌을 토대로 궁중 음식의 학문적 배경을 연구해 책으로 남기는 한편, 조리법을 계량화하고 체계화하는 등 궁중 음식을 계승·보존하기 위한 다양한 노력을 기울였다. 1971년 궁중음식연구원을 설립한 것도 이런 이유에서다. 또한 <한국의 미각>(1976), <전통의 맛>(1985), <한국의 전통음식>(1989), <조선왕조 궁중음식>(1993) 등 초창기 한국의 전통 식문화와 궁중 음식에 관한 책 대부분 황혜성 교수의 손을 거쳐갔다 해도 과언이 아니다. 왕성한 저작 활동을 통해 궁중 음식의 문화적 가치와 효용성을 널리 알림으로써 궁중 음식이 한국인의 일상 속으로 스며드는 계기를 마련했다.

한국 식문화를 알리는 전령

한복려

2007년 궁중 음식 제3대 기능보유자로 지정된 궁중음식연구원 한복려 원장 (황혜성 교수의 장녀)은 황혜성 교수가 닦아놓은 토대를 기반으로 한국 식문화를 국내외에 널리 알리는 일에 매진해왔다. 궁중 음식 기능 전수는 물론 후학 양성, 고문헌 연구, 한국 식문화 콘텐츠 및 디지털 데이터 구축 등 다양한 활동을 지금도 쉼 없이 펼치고 있다. 그중에서도 매년 열리는 '조선왕조 궁중음식 발표회'는 일반 대중과 직접 만나는 소통의 장으로 자리매김한 지 오래다. 궁중 음식 실습과 시식 체험을 통해 한국 식문화의 과거와 현재, 미래를 잇는 가교 역할을 충실히 수행하고 있는 것. 지난 2011년 뉴욕 메트로폴리탄 미술관에서 열린 '조선의 왕, 뉴욕에 오다(The King of Joseon Dynasty Comes to New York)' 같은 행사를 통해 한국의 궁중 음식 이야기를 해외에 소개하는 일에도 앞장서고 있다.

검박하되 예의를 중시해 손님을 접대한
서울 반가의 잔치 풍경을 엿볼 수 있는
'회혼례도'. 국립중앙박물관 소장.

궁중 음식과 교류한 서울 반가 음식

글·정혜경(호서대학교 식품영양학과 교수)

현재 국제도시 서울은 최고의 음식 문화가 발달한 곳이다. 이는 서울이 조선 시대 국가의 도읍지였다는 데서 기인한다. 당시 서울에는 왕실을 중심으로 양반가가 밀집해 있었고, 팔도 각지에서 생산하는 다양하고 좋은 음식 재료는 모두 서울로 진상되었다. 이는 양반가를 중심으로 한 반가 음식이 매우 다양하게 발달하는 데 큰 영향을 미쳤다. 더욱이 사대부들은 왕실과 끊임없이 교류했으며, 봉송이라 해서 궁중 음식이 반가로 직접 전해지는 경우도 많았다. 반가와 왕실의 혼인을 통해 음식 문화를 직접 교류하는 일도 잦았다. 특히 반가는 왕실의 풍속을 모방하려는 경향이 강했고, 그 과정에서 서울 반가 음식은 더욱 세련되게 변화했다.

서울 반가 음식은 한마디로 법도를 중시하는 음식이었다. 예를 들어 상민 음식과 반가 음식의 차이는 그 재료의 많고 적음이나 종류 또는 조리법이 특별한가 아닌가에 있는 것이 아니라, 바로 '음식 정신'에 있다고 보았다. 음식 정신이란 조상이나 가족을 위하는 마음으로 양념에 쓰는 실고추 하나, 깨소금 하나에도 진심으로 조심스럽게 정성을 다하는 것이다. 더욱이 당시에는 반가일수록 오히려 돈이 없고 간구(가난)한 경우도 많았다. 하지만 반가 사람들은 그 사실을 결코 부끄러워하지 않았다. 이처럼 서울 반가 음식은 검박하되 정성과 예의를 중시했다.

담백하고 깔끔한 '자연 그대로'의 맛

음식에서 중요한 것은 맛이다. 물론 맛은 주관적 요소가 강하기 때문에 한마디로 정의하기 어려운 부분이 있다. 하지만 서울 반가에서 추구한 것은 대체로 '시원하고, 담백하며, 맛깔스럽고, 깔끔한' 맛이었다. 실제로 과거 서울 반가에서 거의 매끼 상에 오른 국은 기름을 제거한 맑은국이 대부분이었다. 김치도 새우젓 혹은 곤쟁이젓을 넣거나, 젓갈 없이 간장으로 맛을 내 시원한 국물이 있도록 만들었다. 복잡하고 까다로운 조리법을 중시하되 '재료의 맛을 가장 잘 발현'하는 데 집중한 것이다. 즉 조리라는 문화적 과정을 거치면서도 궁극적 목표는 식품 재료 본연의 '자연 그대로'의 맛을 극대화하는 데 두었다. 이는 길고 복잡한 조리 과정이 식품 원래의 맛을 가린다는 생각과 상반되는 것이며, 조선 시대 양반층의 문화를 이해하는 방식이 반가 음식의 조리 과정이나 그들이 추구하는 맛의 성격에 영향을 미쳤음을 나타낸다.

격식과 의례가 강한 음식

한식은 수천 년 전해 내려온 한민족의 문화유산이며 무엇보다 격식과 의례를 중시하는 음식이다. 서울 반가 음식은 이러한 전통을 잘 지켜왔다. 특히 서울 반가 음식은 의례적 성격이 강했는데, 음식을 만들고 먹는 데도 격식을 중시했다. 조선왕조는 유교를 국가 이념으로 표방했고, 사회 전반에 걸쳐 유교 요소가 문화의 기반을 형성했다. 따라서 수도 서울의 음식 역시 이러한 유교 이념이 강하게 작용하는 가운데 생성·발달했다. 특히 의례 음식과 절기 음식이 이러한 성격을 잘 반영했다. 일생의 단계 단계에 만나는 통과의례 때마다 이를 기념하는 음식상을 차렸고, 특히 음식을 높이 괴어 차리는 고배상은 반가의 전통으로 지금까지도 제례나 상례뿐만 아니라 혼례와 회갑 같은 날의 축하 상차림으로 이어지고 있다.

그리고 계절의 변화에 따라 각 절기에 맞춰 차리는 절기 음식 또한 빠뜨릴 수 없는 즐거운 행사로, 반가에서는 이를 잘 지켰다. 제철 음식을 먹는 것이 건강을 보하는 길이라 여겨 봄이면 겨우내 먹기 힘들던 생생한 봄나물을 챙겨 먹고, 더운 여름이면 민어탕을 끓여 먹고, 가을에는 새로 거둔 곡식으로 지은 햅쌀밥과 풍성한 과일을 먹고 채소를 갈무리했으며, 겨울이 오면 김장을 해서 채소가 부족한 계절을 견딜 수 있게 하고, 장 담그는 것을 중요하게 여겼다.

외상 차림을 원칙으로 하고, 상차림의 법도를 중시한 것도 남달랐다. 반가에서는 봄, 여름, 가을, 겨울 각기 다른 계절별 상차림에 밥, 국 그리고 3~5가지 반찬을 올리는 반상 차림을 하였는데 이는 영양상으로 보아도 균형과 조화의 상차림이라 할 수 있다. 그리고 기본 반상 외에도 면상, 다과상, 손님 접대상, 주안상 등으로 나누어 차렸다. 한마디로 서울 반가 음식은 사치스럽고 화려하기보다 반가 여인들의 예절과 법도에 따라 정성을 표현한 상차림이다. 빈한한 서울 반가에서 웃어른에게 정성을 다하는 것으로 반가 음식을 규정한 것을 보면, 여러 가지 재료를 마음껏 써서 화려하게 만들어낸 중인층 음식과는 달라도 한참 달랐음을 알 수 있다.

현대 한식 맛의 뿌리는 서울 반가 음식

반가 출신을 인터뷰하고 반가(종가)의 고조리서를 통해 대표적 서울 반가 음식을 살펴보았더니 신선로(열구자탕), 너비아니(불고기), 구절판, 탕평채 등이 제일 많이 거론됐다. 물론 두부전골, 설렁탕, 약포, 전복초 같은 역사적으로 유래가 깊은 음식도 많다. 그러나 신선로, 너비아니, 구절판, 탕평채 등은 서울 반가의 대표 음식이면서 대중적으로도 널리 알려진 음식이다. 또 모양새도 전통 음식의 이미지가 강하고, 맛이 뛰어나 최근 한정식 상차림에서도 빈번하게 등장한다.

오늘날 서울은 변신을 거듭하고 있다. 음식 문화도 마찬가지다. 이제 서울은 국제 미식 도시로서 면모를 뽐내기에 손색이 없다. 세계의 명품 요리를 서울에서 맛볼 수 있고, 서울의 최고 한식 또한 세계 명품 요리 반열에 올랐다. 그리고 서울 반가 음식은 지금까지도 그 명맥을 꾸준히 이어가고 있다. 현재 최고라 불리는 한식의 뿌리는 서울 반가 음식에 있다.

오히려 서울 반가일수록 돈이 없고 간구(가난)한 경우도 많았다. 하지만 반가 사람들은 간구한 것을 부끄러워하지 않았다. 이처럼 서울 반가 음식은 검박하되 정성과 예의를 중시했다. 외상 차림을 원칙으로 하고, 상차림의 법도를 중시한 것도 남달랐다.

섬김, 나눔, 배려가 깃든
종가음식

글 · 정재숙(전 문화재청장)

안동 광산 김씨 예안파 종택인 후조당의 양방養房.
일곱 살이 된 종손이 부모 품에서 나와
어엿하게 대를 이을 후손으로 성장하도록 돕는
공간이라 해서 양방이라고 부른다.

유교의 나라 조선은 맏이로만 이어온 큰집을 문중門中의 기둥으로 여겼다. 종
가宗家는 '으뜸가는 집'이라는 뜻으로, 성과 본이 가까운 집안 사람들을 이끄는
공동체 문화의 중심이었다. 종가에서는 건축과 기록물, 의례와 음식 등 조상을
기억하고 미래 세대에게 전승할 종합 문화유산을 지켜왔다.

유·무형의 종가 문화 중에서 음식은 뿌리를 이룬다. 문중이 함께 모여 지
내는 제례 의식의 기본이었기 때문이다. 섬기고, 나누고, 배려하는 종가 정신
이 음식에 녹아 있다. 종가 음식은 한식 중에서도 전통과 가치를 담고 있는 변함
없는 맛이다. 그 맛을 잇는 이가 맏며느리인 종부宗婦다. 종부는 한 집안의 곳간
과 부엌일을 책임진 한국 고유의 맛 지킴이였다.

안동 군자마을은 영남 지방 최초의 조리서 <수운잡방需雲雜方> 탄생지
다. 1540년 광산 김씨 후손 탁청정濯淸亭 김유(1491~1555)와 손자 계암溪巖 김
령이 쓴 이 책에는 '군자가 잔치를 베풀 때 필요한 온갖 요리법'이 담겨 있다. 술
빚는 기술, 음식 만드는 법을 한문으로 기록한 이들은 한국 최초의 음식 칼럼니
스트라 할 만하다. <수운잡방>의 육면肉麵 만드는 대목을 보자. "기름진 쇠고
기를 반쯤 익혀서 국수처럼 가늘게 썰어 밀가루를 골고루 묻힌 다음 된장국에
넣어 여러 차례 더 끓인다." <수운잡방>에 나오는 요리를 재현하는 곳이 2009
년 설립한 '수운잡방음식연구원'이다. 잘 익은 술과 제철 음식으로 벗과 손님
을 대접한 조상의 음식 나눔 정신을 잇고 있는 곳이다.

300년을 이어온 전통의 맛

논산 파평 윤씨 종가의 가풍을 잇는 명재 고택에서도 종가 음식을 맛볼 수 있다.
명재明齋 윤증(1629~1714)의 집안이 대대로 살아온 한옥은 풍수에 맞춰 기氣
를 조율한 지혜가 돋보인다. 이 집터의 지형이 바로 윤씨 종가 음식 맛의 비결
중 하나다. 300년을 이어온 '전傳독간장'의 신비한 장맛은 물 좋고 햇살 좋은 땅
의 기운이 만든다. 300년 전 만든 씨간장이 항아리째 전해 내려온다. 좋은 발효
균이 들어간 장을 대물림해 식구들 건강하고 집안도 화목했을 터다.

그 장맛을 잇고 있는 윤경남 씨는 전독간장을 약으로 쓰던 어린 시절 이야
기를 들려줬다. 배탈 난 환자에게 이 간장을 먹이려고 이웃 마을에서도 찾아왔
다고 한다. 냉수에 간장을 타서 먹으면 곧 속이 가라앉았다는 것이다. 장맛을
바탕으로 한 이 종가의 음식 중에서도 가장 소문난 것은 장김치와 가지김치다.

장김치는 무와 배추 등을 썰어서 전독간장으로 간을 맞춘 국물을 부어 바로 먹는데, 칼칼하고 시원하다. 가지김치는 가지를 절이는 대신 데쳐서 전독간장으로 비비는 게 비법이다.

소박하고 정이 깃든 향토 음식

종가 음식은 양반이 먹던 것이라 자칫 상다리가 휘어지게 차린 산해진미라고 오해할 수 있다. 하지만 실제로는 소박하고 정이 깃든 음식이다. 특히 사람 사이의 관계를 귀하게 여기는 조상의 지혜가 그득하다. 한 예로 '보푸라기'는 질긴 고기나 발라 먹기 힘든 생선을 보푸라기처럼 뜯어서 만든 음식이다. 이가 안 좋은 어르신을 위한 연식軟食인 셈이다. 이처럼 가족과 이웃을 어떻게 하면 음식으로 즐겁게 할까 배려하고 고민한 흔적이 많이 남아 있다.

종가 음식을 연구하는 학자들은 종가 음식의 특징을 다음 네 가지로 꼽는다. 첫째 종부에서 종부로 이어진 정성이 담긴 맛, 둘째 제철 재료를 활용한 맛깔스러운 색과 잘 담은 멋, 셋째 지역사회에 상부상조하는 나눔의 정情, 넷째 관혼상제를 중심으로 집안 화목을 도모하는 경敬이다.

전라남도종가회는 한국 종가의 가치를 재조명하기 위해 유네스코 세계문화유산 등재를 추진하고 있다. 유네스코가 제시한 '탁월한 보편적 가치'를 충족하는 데 종가 음식이 핵심이 될 것이라 믿는다. 종가 음식의 고유함과 고귀함을 세계인과 함께 즐길 날을 기다려본다.

섬기고, 나누고, 배려하는 종가 정신이 음식에 녹아 있다.
종가 음식은 한식 중에서도 전통과 가치를 담고 있는
변함없는 맛이다. 그 맛을 잇는 이가 맏며느리인 종부宗婦다.
종부는 한 집안의 곳간과 부엌일을 책임진 맛 지킴이였다.

종가음식을 알려면 제례음식을 살펴라

글 · 김미영(한국국학진흥원 수석연구위원)

안동 의성 김씨 학봉 종택 사당에서 설 차사를 지내는 중이다.
학봉 종택은 조선 중기의 문신이자 퇴계의 학맥을 이은
제자 학봉 김성일이 살던 가옥이다.

① 한 문중의 맨 처음이 되는 조상.
② 죽은 사람의 위패. 대개 밤나무로
만드는데, 길이는 여덟 치에
폭은 두 치가량이며, 위는 둥글고
아래는 모지게 생겼다.
③ 중국 명나라 때 구준이 가례에 대한
주자의 학설을 수집해 만든 책.
주로 관혼상제의 사례四禮에 관한 사항을
담았다.

종가 사람들은 자신들의 기본 책무를 '봉제사奉祭祀 접빈객接賓客'이라고 여겼다. 말뜻 그대로 봉제사는 조상 제례를 지내는 것이고, 접빈객은 손님을 대접하는 일이다. 종가는 그 가문의 시조始祖① 이래 장남 혈통을 이은 집이므로 집 안에 시조의 신주神主②를 모신 사당이 있다. 종가의 사당은 후손의 뿌리이자 정신적 구심점이다. 살아 계신 어른을 섬기듯이 사당에 모신 조상을 대접하는 일이 조상 제례다. 그리고 봉제사 접빈객에서 중심이 되는 것이 '음식'이다. 제례를 올리기 위해 음식을 장만하고, 손님을 접대하려고 음식을 마련한다.

조상을 위한 저승 밥상

제사상은 인격신人格神인 조상을 위한 것이기에 그가 생전에 받은 밥상과 거의 같게 차린다. 밥, 국을 기본으로 생선·육류·닭 등의 주요리, 찌개 역할을 하는 탕湯, 부식에 해당하는 전煎, 고사리·도라지·시금치 등의 채소 반찬을 준비한다. 입맛을 돋우기 위해 술도 차리는데, 제사를 지내는 동안 술잔을 세 번 올린다. 후식으로는 떡과 과일, 유과와 정과 등의 과자류를 곁들인다. 지역과 가문에 따라 음식을 더하기도 하는데, 주로 생선류와 과일류를 추가한다.

제례는 저승의 조상에게 드리는 비일상적 의례이므로 금기와 규칙이 있다. 햅쌀로 밥을 지으며, 흠집이 없고 품질이 좋은 최상의 재료를 사용해야 한다. 음식을 만들 때도 고춧가루와 마늘을 넣지 않는다. 고춧가루의 붉은색과 마늘의 강렬한 냄새가 귀신(조상)을 물리친다고 믿기 때문이다. 조상에게 드리는 음식을 대하는 자세도 엄격하게 관리한다. 음식을 만들 때 침이 튀지 않도록 대화를 나누지 않고, 맛을 미리 보지 않으며, 밥과 국을 제기에 담을 때도 휘젓거나 섞지 않는다. 이는 제례 음식에 신성함을 부여하기 위함이다.

조상 제례의 규범서 <주자가례朱子家禮>③ 속 제사상에는 스무 가지 음식이 차려져 있다. 그런데 <주자가례>가 조선에 도입된 후 제례 음식은 한국적으로 토착화되었다. <주자가례>에 보이지 않는 '탕'이 추가되었는데, 탕은 국물 음식을 선호하는 한국인의 식습관으로 생겨난 제물이다. 차茶 대신 숭늉을 차리는 것도 마찬가지 이유다. <주자가례>에는 제례가 마무리될 무렵 차를 올린다고 나오지만, 한국인은 식사 후 주로 숭늉을 마시기 때문에 한국인의 식습관에 따라 차를 숭늉으로 대체했다. 또 설 차례에는 떡국을 올리고, 추석에는 송편을 준비하는 것도 <주자가례>에는 없는 한국 고유의 습속이다.

경당 종가의 불천위제사

안동 장씨 경당 종가의 불천위제사不迁位祭祀(학문의 깊이가 깊고,
후학 양성에 힘쓰며, 국가 재난에 자기를 희생한 이를 임금의
교지나 유림의 추천으로 봉하는 제도. 4대를 넘긴 신주를 땅에 묻지 않고
사당에 영구히 모시면서 지낸다)를 올리는 모습이다. 불천위제사는
고조부, 증조부, 조부, 부까지 4대 이상을 초월해 조상과
더불어 살며 추모하는 행사로 여겨졌다. 자기 존재의 근원을 확인하는
계기라 할 수 있다.

후조당 향사 분정

광산 김씨 예안파 종택인 후조당에서 향사를 치르기 전
각자 할 일을 정하는 '분정' 작업 중이다. 초헌관(제사 지낼 때
첫 번째 술을 올리는 제관. 일반적으로 장자손이 맡음),
아헌관과 종헌관(두 번째, 세 번째 술을 올리는 사람),
축관(축문을 읽는 사람), 집사(술을 올릴 때 돕는 사람) 등으로
역할이 나뉜다.

동암 종가의 묘사

10월 마지막 일요일에 동암 이영도 선생의 산소에서 지내는
묘사墓祀. 명절 차례 등 묘지 앞에서 지내는 제사를 묘제라고도 한다.
동암 선생은 퇴계 이황의 손자로, 퇴계에게 "나를 계적繼蹟할 자는
이 아이다"라는 말을 들을 정도로 영특하고 포용력이 남다른
선비였다고 한다.

동암 종가 유두 차사

진성 이씨 동암 종가에서 음력 6월 보름 유두절에 지내는
유두 차사로, 매해 첫 수확한 밀로 종부가 직접 밀고 썰어서
건진국수를 만들고 제사상에 올린다.
또 퇴계 선생이 강조한 검약 정신을 기려 과일을 층층이
쌓거나 사치스러운 유밀과를 올리지 않는다.

광산 김씨 예안파 후손들이 1년에 한번
지내는 향사亨祀. 어적魚炙, 육적肉炙,
계적鷄炙을 하나의 틀에 쌓은 도적都炙이
눈에 띈다.

조상의 식성을 배려한 제례 음식

제례 음식은 그 종가가 자리한 자연환경에 따라 지역성을 드러내기도 한다. 해
양자원이 풍부한 서해안에서는 다양한 생선을 차리고, 갯벌이 발달한 전라도
에서는 꼬막과 낙지를 올린다. 동해안에서 생선을 공급받는 경북 내륙 지방에
서는 장거리 운반이 가능하도록 소금에 절인 간고등어나 충분히 발효시킨 상
어돔배기④를 제사상에 차린다.

또 넓은 평야가 펼쳐져 있어 물산이 풍부한 기호 지방⑤과 호남 지방에서
는 기름에 부치는 전 종류를 다양하게 준비한다. 산지로 둘러싸인 경북 내륙 지
방은 상대적으로 물산이 부족한 탓에 기름이 많이 소비되는 전 음식은 차리지
않는다. 또 인삼 생산지인 금산에서는 인삼튀김이나 인삼정과 같은 각종 인삼
요리를 제사상에 올리고, 일상에서 홍어를 즐겨 먹는 전라도에서는 홍어찜이
나 조림 등 홍어 요리를 차린다.

제례 음식은 기본적으로 <주자가례>의 예법과 그 지역의 자연환경에 맞
춰 차리지만, 조상이 생전에 즐겨 먹던 음식을 올리기도 한다. 강정일당姜靜一

⑥ 1772~1832년, 정조~순조 대에
활동한 여성 유학자. 어려운 살림과
여성이라는 사회적 제약 속에서도
유학을 공부하고 연구했으며, 글쓰기에
힘써 '여성 중의 군자'라는 평가를 받았다.
시문집 <정일당유고靜一堂遺稿>를
남겼다.
⑦ 기름과 꿀을 섞은 밀가루 반죽을
기름에 지져 꿀에 재어 먹는 과자.
⑧ 메주를 빻아서 고운 고춧가루 따위와
함께 찰밥에 버무려 항아리에 담은 뒤,
간장을 조금 쳐서 뚜껑을 덮은 다음
두엄 속에 8~9일 묻었다가 꺼내 먹는 장.

堂⑥은 "시고조부님은 소나무를 좋아하셔서 지팡이나 그릇을 소나무로 만들어 사용하셨다. 그래서 시고조부님 제사가 다가오면 송순주松荀酒를 미리 빚어 둔다. 시조부님은 평소에 햅쌀로 지은 흰쌀밥과 육회, 불고기를 즐기셔서 제사 상에 반드시 올린다"라는 내용을 기록해두었다.

안동 풍산 류씨 서애 류성룡 종가에서는 서애 선생이 생전에 즐겨 먹던 중 계中桂라는 유밀과⑦를 제사상에 차리고, 안동 의성 김씨 학봉 김성일 종가에서는 학봉 선생이 잦은 배앓이 때문에 복용하던 생마를 올린다. 성주 성산 이씨 응 와이원조 종가에서는 응와 선생이 식사 때마다 곁들이던 집장⑧을 차린다.

'정성'이 깃들지 않으면 제례 음식이 아니다

"산해진미를 아무리 차려놓더라도 정성이 깃들어 있지 않으면 조상이 흠향歆 饗하지 않는다"라는 옛말이 있다. 흠향이란 '영혼이 음식을 맛있게 먹는 것'을 뜻하는 말로, 조상 제사에서 주로 사용하는 용어다. 또 "물 한 그릇 놓고 지내더 라도 정성을 다하면 조상이 흠향한다"라는 말도 있다. 유학 창시자 공자 역시 "조상 제사를 지낼 때 무엇이 가장 중요합니까?"라는 제자들의 질문에 "정성 이 으뜸이다!"라고 답했다. 정성精誠이란 '참되고 성실한 마음'이다. 즉 나의 존 재를 있게 해준 조상에 대한 고마움을 거짓 없는 참된 마음으로 표현하는 것이 바로 제사다. 저승에 계신 조상을 모셔와서 대접한다는 생각으로 음식을 장만 하면 정성과 감사한 마음은 자연스레 담기게 된다.

조상 제례는 효孝를 실천하는 행위다. 살아 계신 부모를 봉양하는 마음으 로 돌아가신 조상을 섬기는 것이 제례의 참뜻이다. 부모의 뜻을 헤아려 편안한 일상을 보낼 수 있도록 노력하듯, 조상이 남긴 가르침과 유언을 받드는 것이야 말로 제례에 임하는 자세다. 진성 이씨 퇴계 이황 종가에서는 퇴계 선생이 강조 한 검약 정신을 기리기 위해 과일을 층층이 쌓지 않고, 삼색나물도 별도의 제기 를 사용하지 않고 한 그릇에 함께 담는다. 또 기름에 튀기는 유밀과는 사치스러 우니 당신의 제사상에는 차리지 말라는 퇴계 선생의 유언을 받들어 지금도 유 밀과를 올리지 않는다. 안동 진성 이씨 노송정 이계양 종가의 18대 종부 최정 숙 씨는 "제사는 격식도 중요하지만 조상이 남긴 정신을 받드는 것이 더 소중하 다. 그래서 제례 음식을 장만할 때 노송정 할배의 삶을 되새기고, 정신을 본받 겠다는 다짐을 한다"고 강조한다. 이 말에 제례 음식의 참뜻이 들어 있다.

고조리서를 지닌 종가의 내림 음식

경북 안동, 광산 김씨 설월당 종가

삼색어아탕

설월당 종가는 조선 중기 학자 설월당雪月堂 김부륜(1531~1598)의 종가로, 탁청정
김유와 손자 김령이 같이 쓴 고조리서 <수운잡방>이 유래한 곳이다. 김유는 약이
되는 음식에 관심이 많던 터라 종가에 손님이 오면 그들의 건강 상태와 취향에 맞는
메뉴를 내놓곤 했는데, 삼색어아탕三色魚兒湯은 그중 몸이 차고 생선과 국물을
좋아하는 손님에게 주로 내놓는 음식이었다. 진상품이던 은어나 숭어, 대하 등 귀한
재료를 주원료로 삼은 데다 색이 곱고 식감이 좋아 인기가 많았다. 은어나 숭어는 삶은
후 다져서 완자를 만들고, 대하는 껍데기를 벗겨 반으로 갈라 편을 뜨며, 녹두묵은
삼색으로 만들어 막대 모양으로 썬 다음 은어나 숭어를 삶아 건진 물에 간을 해 부어서
완성한다.

경북 안동, 안동 장씨 경당 종가

북어보푸라기

경당 종가는 조선 중기 학자 경당敬堂 장흥효(1564~1633)의 종가로, 훗날 영양의
재령 이씨 석계 종가로 시집가서 <음식디미방(閨壼是議方)>을 쓴 장계향 선생의
친정집이다. 경당 장흥효 선생은 퇴계학을 정통으로 이어받은 조선 중기의 대학자로,
덕분에 경당 종택은 안동 지역 유림 사회의 사랑방 역할을 담당했다. 지금도 수십
명의 접빈상을 무리 없이 내놓을 수 있을 정도로 접빈객의 전통을 고스란히 지키고
있다. 경당 종택의 손님맞이 상에는 문어숙회, 안동 간잡이가 간한 간고등어,
상어껍질편(원래는 상어 껍질로 만들었으나 구하기 어려울 때는 돼지껍데기로
대체), 명태찌개, 물이 많은 장조림 등을 주로 올렸다. 특히 북어를 두들겨 곱게 가루를
내서 참기름으로 버무려 먹었는데, 그 생김새 때문에 '보푸라기'라고 불렀다.

경북 영양, 재령 이씨 석계 종가

동아누르미

조선 중기 석계石溪 이시명 선생과 결혼한 장계향 선생이 75세 되던 해(1672년)
최초의 한글 음식 조리서 <음식디미방>을 썼다. 400년 전 음식 조리법 146가지를
수록한 이 책에는 석계 종가의 음식이 담겨 있다. 장계향 선생은 강한 불을 '매운 불',
고명을 '교태', 부패한 고기를 '독한 고기'라 부르는 등 자신만의 표현법으로 요리를
기록했다. 숭어살을 만두피로 삼은 숭어만두, 더덕을 꿀에 재운 섭산삼, 꿩고기와
채소를 버무린 잡채 등 오늘날 흔히 쓰지 않는 재료의 손질법과 조리법이 등장한다.
특히 도라지, 고기 등의 재료를 꿰거나 그냥익힌 뒤 녹말가루와 달걀을 씌워 지져내고
즙을 끼얹은 누르미가 많이 보인다. 동아누르미, 대구껍질누르미, 개장고지누르미 등
다양하다. 석계 종가에서는 소금에 절인 동아로 만든 동아누르미를 상에 자주 올렸다.

경북 안동, 풍산 류씨 충효당 종가

수란채

충효당 종가는 고조리서를 지닌 종가는 아니지만, 조선 중기 예조판서와 영의정을
지냈고 <징비록懲毖錄>의 저자인 서애 류성룡(1542~1607)의 종가다. 안동 지역
대표 접빈상을 살필 수 있는 종가로, 수란채는 충효당 종가를 대표하는 음식이다.
1999년 영국 여왕 엘리자베스 2세가 방한했을 때는 물론, 2007년 노무현 전 대통령이
다녀갔을 때도 수란채는 접빈상의 대표 메뉴로 상위에 올랐다. 미나리와 석이버섯,
당근 등 각종 데친 채소에 문어와 새우, 전복 등을 익혀 곁들인 후 수란을 얹고 잣즙을
뿌려 완성하는데, 모든 재료가 조화롭게 어우러져 맛이 담백하면서도 깔끔하다.
일종의 전채 요리로 입맛을 돋우기에 좋고, 저지방·고단백 음식이라 영양가도 높다.

깨달음의 밥상, 사찰 음식

구술 · 정관 스님 (백양사 천진암 주지)

사찰음식은 말 그대로 사찰에서
스님들이 먹는 음식이니, 햇살·바람·비를 맞고 자란
검박한 재료로, 수행에 딱 필요한 만큼만,
과하지 않은 조리 과정을 거쳐 만든다.

• 이 글은 백양사 천진암 주지이자 사찰 음식 전문가인 정관 스님과의 인터뷰, 그리고 한국불교문화사업단의 한국 사찰 음식 관련 사이트 www.koreatemplefood.com에 나온 정보를 참고해 정리한 것이다.

사찰 음식은 본래 절에서 먹는 음식이지만, 그 범위를 먹는 것에만 한정 짓는 건 곤란하다. 철마다 텃밭에서 음식 재료가 될 채소를 가꾸고, 겨우내 먹을 김치와 장류·장아찌 등을 담그고, 자연에서 얻은 재료로 음식을 만들어 때맞춰 공양하는 모든 과정이 사찰 음식의 범위에 포함되기 때문이다. 음식 재료를 재배하는 일부터 음식을 만들어서 먹는 일까지가 모두 수행의 연장선상에 있다.

실제로도 사찰 음식의 가장 큰 특징은 '수행 음식', 즉 수행을 위한 음식이라는 데 있다. 사찰 음식의 모든 특성이 바로 여기에서 나온다. 사찰 음식은 유제품을 제외한 모든 동물성 식품을 금한다. "육식은 자비의 종자를 끊는 것"이라는 <열반경>의 가르침 때문이다. 이는 모든 살아 있는 생명을 내 몸처럼 소중히 여기는 불교적 자비관을 반영한다. 사찰 음식은 또한 맵고 자극적 맛을 내는 오신채五辛菜(파, 마늘, 부추, 달래, 흥거)를 사용하지 않는다. 맛에 대한 아무리 사소한 집착이라도 수행에 방해가 될 수 있기에 이를 미연에 방지하려는 뜻에서다.

사찰 음식의 또 다른 특징은 '자연 음식'이라는 것이다. 사찰 음식의 재료는 대부분 직접 키운 제철 재료다. 봄이면 각종 봄나물로 비빔밥을 만들고, 냉이에 된장을 풀어 죽을 끓이고, 두릅에 고추장과 된장을 넣어 장떡을 부친다. 또 여름이면 아욱으로 된장국을 끓이고, 단맛 나는 애호박으로 전을 부치고, 오이를 곁들인 쌉싸름한 도라지나물로 입맛을 돋운다. 가을이면 버섯으로 쫄깃한 강정을 만들고, 아삭한 연근으로 담백한 죽을 끓이며, 달디단 가을무로 무김치를 담근다. 겨우내 먹을 김장을 담그는 것도 이때다. 더불어 겨울이면 김장 김치로 만두를 빚고, 말린 가지·무·산나물을 물에 불리거나 삶아 조물조물 무치고, 이듬해 장 담글 때 쓸 메주를 만들어 잘 발효시킨다. 맛을 내는 조미료 역시 버섯 가루, 다시마 가루, 제핏가루, 들깻가루, 날콩가루 등 천연 재료를 기본으로 하며 건강에 해로운 화학조미료는 일절 사용하지 않는다. 또 매실과 오미자, 복분자, 탱자, 감 등의 과실은 제때 수확해 청이나 식초를 담가 1년 이상 묵힌 후 양념으로 사용한다.

사찰 음식은 직접 담근 간장과 된장, 고추장 그리고 제대로 발효시킨 각종 청과 식초로 직접 가꾼 제철 식재료의 맛을 극대화한다. 덕분에 사찰 음식을 한번 맛본 이들은 식재료 특유의 풍미가 살아 있고, 간이 강하지 않아 맛이 깔끔하면서 담백하다는 상찬을 아끼지 않는다. 요즘 말로 하면 건강식이자, 자연에 가까운 웰빙 푸드인 셈이다.

감사와 정진의 의미를 담은 식생활, 발우공양

사찰 음식의 또 다른 특징은 '발우공양'에 있다. 발우공양은 '발우'라는 나무 그릇을 사용하는 식사법으로, 2500여 년 전 석가모니의 수행에서 비롯했다는 게 정설이다. 발우에는 '온 우주를 담은 작은 그릇'이라는 뜻이 담겨 있는데, 4개 혹은 5개의 그릇을 차곡차곡 포갠 한 세트를 각자 개별로 사용하며, 각 그릇에는 밥·국·반찬·물을 담아먹는다.

발우공양의 특별한 가치는 그 안에 담긴 다섯 가지 정신에 깃들어 있다. 첫 번째는 평등平等으로 모든 대중이 차별 없이 똑같이 나누어 먹는 의식 속에 만인이 평등하다는 철학을 담고 있으며, 두 번째는 청결淸潔로 개인 발우를 깨끗이 관리하고 각자 먹을 만큼만 덜어 먹는 정갈한 식사 예절을 의미한다. 세 번째 청빈淸貧은 한 번 받은 음식은 양념 한 조각 남기지 않고 그릇 씻은 물까지 깨끗이 마심으로써 쓰레기를 일절 남기지 않는 친환경적 생태주의 사상을 포함한다. 네 번째 공동체共同體는 한 솥에서 만든 음식을 같은 날 같은 때 같은 자리에서 함께 먹으며 서로 화합하고 조화를 이루는 것을 의미하며, 다섯 번째 복덕福德은 한 그릇의 음식이 탄생하기까지 고생한 이들의 노고에 감사하며 복을 짓고 덕을 쌓는 마음을 뜻한다. 모든 생명에 감사하며 더욱더 수행에 정진하겠다는 다짐이 포함된 것이다.

한 그릇 음식에 담긴 무한 생명

사찰 음식에 담긴 이 같은 철학과 특성은 전 세계인의 관심을 불러일으켰다. 특히 지난 2017년 넷플릭스의 음식 다큐멘터리 <셰프의 테이블 시즌 3 - 정관 스님 편>이 방영된 이후부터 한국 사찰 음식은 또 하나의 한류 열풍을 주도하고 있다. "식재료 또한 생명이며, 사찰 음식은 한 그릇 음식 안에 생명의 에너지를 온전히 담아내는 것"이라고 말하는 정관 스님의 철학이 많은 이에게 음식에 대한 새로운 관점을 제시한 까닭이다. 실제로 <뉴욕타임스>는 정관 스님을 "철학적 요리사"라고 지칭하며, 한국의 사찰 음식을 "세계에서 가장 고귀한 음식" "경이로운 채식 요리"라고 호평하기도 했다. 이유는 간단하다. 그 지역에서 난 제철 식재료로 만든 자연식이자, 오랜 시간을 들여 익히고 묵힌 발효식이 기본이기 때문이다. 이는 몸에 좋은 건강식과 지속 가능한 음식을 추구하는 최근의 음식 트렌드와도 맥을 같이한다.

절에서 쓰는 스님의 공양 그릇인 발우.
나무나 놋쇠 등으로 만들고 안팎에 칠을
한다. 단출한 발우는 수납하기에도
효과적인 그릇이다. 가장 큰 어시발우
안에 국발우, 청수발우, 찬발우 순으로
포갤 수 있기 때문이다. 보자기로 싸서
수저와 함께 보관한다.

"한 그릇 음식 안에 생명의 에너지를 온전히 담아내기 위해선 모든 식재료가 귀하고 소중한 하나의 생명임을 이해하고, 식재료 본연의 특성을 제대로 살리는 데 집중해야 합니다. 식재료의 본질, 즉 특유의 맛과 쓰임을 이해해야 하는 거죠. 틀에 박힌 레시피에 의존하거나, 정해진 하나의 방법으로만 요리하는 건 죽은 음식을 만드는 것이나 마찬가지예요. 생명이 자라면서 계속 변화하듯, 요리 방법도 식재료의 맛과 상태에 따라 달라져야 합니다. 그렇다고 굳이 많은 식재료나 양념을 사용할 필요는 없어요. 단순하고 소박한 먹거리만으로도 충분히 마음을 일깨우고, 몸을 회복시킬 수 있으니까요."

삼시 세끼 직접 가꾼 제철 식재료와 천연 양념으로 음식을 만들고, 만든 음식은 먹을 만큼만 덜어 남기지 않고 먹으며, 이를 통해 몸과 마음의 동력을 얻고 정신을 수양하는 일. 이 모든 과정에는 자연의 에너지와 오랜 깨달음의 지혜가 담겨 있다. 한국 사찰 음식이 자연과 내가 하나 되는 순간을 경험하게 하고, 몸과 마음의 에너지를 충족해주는 건 바로 이 때문이다.

제철에 산과 들에서 자란 재료로 만든 '자연 음식', 유제품을
제외한 동물성 식품을 금하는 '수행 음식'이 사찰 음식의 가장
큰 특징이라 할 수 있다. 또 다른 특징은 '온 우주를 담은 작은 그릇'
이라는 뜻을 담은 나무 그릇을 사용하는 식사법, 바로
발우공양에 있다. 평등, 청결, 청빈, 공동체, 복덕이라는
다섯 가지 정신이 그 안에 깃들어 있다.

사찰 음식은 왜 장수 식품일까?

글·박상철(전남대학교 석좌교수)

불로장생의 기본은 소식

선사시대부터 생명 연장을 희구해온 인류는 불로초라고 기대되는 특정 식품을 섭취하곤 했다. 그 결과 특정 식품의 효용에 대한 심각한 문제가 제기됐고, 불로초 개념의 질적 문제보다 식품의 양적 문제가 중요하다는 생각이 주류로 떠올랐다. 즉, 적게 먹는 게 역설적으로 중요한 불로장생법으로 등장한 것이다. 이후 인류의 건강 수명을 연장하는 데 기여한 식단은 섭취량을 제한하는 소식小食과 정제하지 않은 식이를 통째 섭취하는 소식疏食, 두 가지로 압축되었다. 소식小食의 경우, 음식을 제한하는 '벽곡'이 양생술의 하나로 발전했다. 오곡을 먹지 않고 화식을 피하는 도교의 수행법이 일반인에게도 전해진 것이다. 이후 소량을 오래 씹어 먹는 방법과 위를 60%, 혹은 80%만 채우는 방법이 지금까지 유행하고 있다. 소식의 효과는 코넬 대학교 매케이 박사가 실험동물의 수명을 두 배 이상 연장할 수 있다고 보고해 과학적으로도 입증되었다.

원시인과 현대인의 유전적 신체 생리 구조는 거의 비슷하다. 하지만 농업 혁신과 산업혁명을 거치며 주로 사용하는 식재료와 조리 방법은 달라졌다. 소식疏食의 대표적 예인 일명 구석기 식단은 이러한 변화에 적응하지 못한 현대인의 건강에 문제가 발생하고 있다는 가정 아래 탄생했다. 구석기 식단은 단백질과 식이섬유 섭취량을 늘리고 탄수화물 공급원을 개선하는 한편, 오메가-3 및 오메가-6 불포화지방산 같은 좋은 지방 섭취를 늘리고 염분 섭취량을 낮춰 산도 균형을 유지하는 것이다.

영양 불균형을 해소한 한국의 사찰 음식

이러한 트렌드에 맞춰 새롭게 부상하고 있는 것이 사찰 음식이다. 수행하는 스님은 모두 일상생활에서 적게 먹는 소식과 정제하지 않은 제철 음식을 먹는 소식을 실천하기 때문이다. 수행자는 제철에 나오는 곡류와 산채로 정결하게 준비한 음식을 적정량만 공양하며 감사의 마음을 바친다. 스님들의 식행동에 이런 모든 것이 포함되어 있기에, 사찰 음식은 장수 식품으로서 가능성을 이미 내포하고 있다. 더욱이 채식 위주의 식단에서 발생하는 영양적 불균형 문제를 한국의 사찰 음식은 지혜롭게 극복한다.

그 예로 사찰 음식은 자극적 맛을 내는 오신채를 사용하지 않는다. 대신 들깻잎이나 들기름을 많이 사용함으로써 생선에서 얻어야 하는 오메가-3와 오메가-6 불포화지방산을 보충한다. 또한 육류에서 공급받아야 하는 비타민 B_{12} 같은 영양소를 다양한 발효 식품을 통해 대체한다. 사찰 음식의 재료와 조리 방법은 채식 위주임에도 육류와 생선 등의 섭취 부족으로 초래될 수 있는 영양적 문제를 이미 해결하고 있는 것이다. 아울러 사찰 음식은 신선한 제철 재료인 산채와 채소류를 사용해 섬유질과 미량영양소의 부족을 해결하고, 절제된 양을 섭취함으로써 비만·당뇨·고혈압 같은 생활 습관 질환을 예방한다. 암 발병을 제어할 수 있는 방안을 갖추고 있는 것이다. 더욱이 스님은 각자 개인의 발우를 사용하며 정갈하게 관리한다. 이는 사찰 음식의 중요한 특색이자 위생적으로도 완벽한 방법이라 할 수 있다.

이런 이유로 스님의 수명은 일반인에 비해 훨씬 길 것으로 기대한다. 역사적으로 고찰해봐도 일반인의 평균수명이 40세에 머물던 19세기에 고승들의 수명은 70세 혹은 80세를 훌쩍 넘어섰다. 한국에서 부고란을 중심으로 수명을 비교 조사한 결과, 역시 스님을 포함한 종교인의 수명이 가장 길게 나왔다. 물론 스님의 수명이 긴 이유가 사찰 음식에만 있는 건 아니다. 수행에 따르는 신체적 단련, 참선에 의한 정신적 안정도 중요한 이유다. 실제로 미얀마 같은 나라에서는 스님이 탁발 공양하며 하루 종일 참선만 하는 경우 비만이 늘어나고, 수명도 일반인보다 단축된다는 보고가 나온 바 있다. 국제노화학회에서는 장수를 위한 가장 중요한 행동 목표로 '적절한 영양, 적절한 운동 그리고 적절한 스트레스'를 제안한다. 이런 관점에서 볼 때 스님은 "매일 일하지 않으면 먹지 마라(一日不作一日不食)"를 원칙으로 삼고, 참선을 통해 안정을 취함으로써 장수 식품의 격을 갖춘 사찰 음식의 효능을 극대화하고 있음이 분명하다.

백양사 천진암의 정관 스님이 사찰 음식을 준비하는 모습.
대부분의 사찰에서는 평소 찬으로 두부와 버섯, 산채로 만든
나물, 전을 올린다. 음식에 마늘·파·달래·부추·흥거 등의
오신채를 넣지 않고, 다시마·버섯·들깨·날콩가루 등 천연
조미료와 장을 이용해 짜거나 맵지 않게 맛을 낸다.

건강과 풍요를 기원하는 세시 명절 음식

글·윤덕노(음식 문화 칼럼니스트)

동서양 어디나 명절에는 간절한 소망을 담은 특별한 음식을 먹는다. 한국에도 명절마다 챙겨 먹는 고유한 음식이 있다. 음력 새해 첫날인 설날에는 떡국을 먹으며 신년을 축하하고, 가을철 보름달이 뜨는 추석에는 송편으로 풍년을 기원한다. 과거 설날과 추석에 버금가는 큰 명절이던 단오에는 쑥떡으로 봄을 노래했고, 겨울철 동지에는 팥죽으로 건강을 챙겼다.

이 밖에도 다양한 명절 관련 음식이 있는데, 한국에서는 동지를 제외한 대부분의 명절에 떡을 장만한다. 떡이 대표 명절 음식이기 때문인데, 한국인은 명절에 왜 떡을 먹을까? 따지고 보면 유럽 문화도 비슷하다. 다양한 명절 음식이 있지만, 한국의 떡처럼 서양 명절에 빠지지 않는 음식이 각종 파이를 포함한 케이크 종류다. 서양에서는 특별한 날 왜 케이크를 먹을까?

명절 음식으로서 떡과 케이크는 공통점이 있다. 특별한 날 신에게 소원을 빌며 바친 음식이라는 점이다. 케이크는 고대 그리스·로마의 축제 음식에서 기원을 찾을 수 있다. 당시 축제는 신화 속 신에게 바치는 잔치였다. 제일 좋은 곡식, 즉 상류층이 먹던 최고급 음식인 밀가루 빵에 꿀·견과 등을 얹어 바친 것이 케이크의 시초다. 서양에서 특별한 날에 케이크가 빠지지 않는 이유다.

동양의 경우 밀 문화권인 중국 북방에서는 만두, 쌀 문화권인 한국에서는 떡이 그 역할을 했다. 고대 동양에서 쌀은 왕을 비롯한 지배층이 먹는 곡식이었으므로 하늘에 제사 지낼 때는 쌀로 만든 음식을 바쳤다. 밥이 아닌 떡을 제물로 바친 까닭은 곡식 가루를 찐 떡은 낟알을 삶은 밥이 생겨나기 훨씬 이전의 음식, 즉 고대 고급 음식의 원형이었기 때문이다. 한국에서 특별한 날 혹은 명절 음식으로 떡을 장만하는 까닭이다.

장수와 풍요를 상징하는 설 음식 떡국

한국 떡은 종류가 워낙 다양해서 떡이라고 다 같은 떡이 아니다. 명절마다 각기 다른 떡을 준비하는데, 저마다 고유의 특징과 상징적 의미가 있다. 먼저 설날에

설 명절 대표 음식인 떡국. 맨 위는
만두떡국. 가운데는 경기도식 떡국으로
쫄깃한 식감의 조롱이떡을 양지머리
육수에 넣어 끓인다.
맨 아래는 서울식 떡국으로, 멸치 육수에
떡을 넣고 끓인 뒤 달걀지단 등 고명을
올려 정갈하고 담백한 맛을 즐긴다.

는 떡국을 먹는다. 국수처럼 길게 늘인 가래떡을 동전처럼 둥글게 썰어 떡국을
끓인다. 무심코 먹는 떡국이지만 여기엔 특별한 뜻이 담겨 있다.

세상의 모든 새해 음식에는 공통의 특징이 있으니, 한 해에 이루고 싶은
소망을 담는 게 그것. 이는 크게 두 가지로 압축할 수 있다. 하나는 건강하게 오
래 사는 꿈, 또 하나는 풍요로운 삶에 대한 소원이다. 떡국 역시 장수와 풍요를
상징한다. 기다란 가래떡이 장수의 상징이다.

19세기의 세시 풍속을 적은 <동국세시기東國歲時記>에 따르면, 설날에
는 멥쌀가루를 쪄서 목판 위에 놓고 절구로 무수히 내리쳐 길게 늘인 가래떡을
만들어 먹는다고 했다. 한자로는 장고병長股餅이라고 했는데, 팔다리처럼 길
다는 뜻이다. 부처님과 공자님도 팔다리가 길었으니 고대 동양에서는 팔다리
가 길면 덕이 높고 오래 산다고 여겼다.

"국수를 먹으면 오래 산다"는 속담도 있다. 면발이 길기 때문인데, 길다
는 건 장수의 상징이다. 수고스럽지만 가래떡을 일부러 길게 뽑는 이유다. 얼
핏 미신 같지만 알고 보면 상당히 과학적이다. 떡이건 국수건 길게 늘이려면 곡
식을 곱게 빻아 찐 후 오래 치대야 한다. 그만큼 부드러워 소화가 잘된다. 현대
와 달리 거친 음식을 먹던 옛날 사람들은 명절에나마 고급 작물인 쌀로 소화가
잘되는 가래떡을 만들어 떡국을 끓여 먹으며 장수를 꿈꿨
다. 떡국은 또 재물을 상징하는 음식이기도 하다. <동국세
시기>를 비롯한 옛 풍속서에는 하나같이 가래떡을 동전
처럼 썰어 끓인다고 적혀 있다. 떡국 떡은 곧 돈을 상징하
니 떡국을 먹는다는 것은 몸속으로 재물이 들어온다는 것
을 의미한다.

이처럼 떡국에는 장수와 풍요라는 인류 공통의 새해
소망이 반영돼 있는데, 여기에 하나를 더 추가해야 한다.
한국 속담에 "떡국을 먹어야 나이 한 살 더 먹는다"라는 말
이 있다. 현대인 중에는 그러면 늙기 싫으니 떡국 안 먹겠
다는 사람도 있는데, 이는 하나만 알고 둘은 모르는 소리
다. 옛날 동양에서는 연장자를 우대했을 뿐만 아니라 나
이를 먹으면 그만큼 연륜이 쌓여 지혜가 깊어진다고 여겼
다. 떡국을 먹어야 철이 든다는 얘기다.

한국에서는 추석이면 집집마다 콩, 깨, 밤 등을 넣고 송편을 빚어 한 접시씩 이웃에 돌리며 정을 나누었다.

추수 감사와 대동 단합의 의미가 담긴 추석 송편

추석에는 송편을 먹는다. 쌀가루 반죽에 깨, 콩 등을 넣어 솔잎에 얹어 찐 떡이다. 그래서 이름도 솔떡, 즉 송편이다. 추석에 왜 송편을 먹을까? 송편에는 한국인도 잘 모르는 숨은 얘기가 있다. 무엇보다 송편은 추석에만 먹는 떡이 아니다. 설을 비롯한 몇몇 명절을 제외하고 대부분의 세시 명절에는 모두 송편을 빚었다. 그런 면에서 송편은 한국 명절 떡의 원형(archetype)이라고 할 수 있다. 다만 추석 송편은 좀 더 특별했다. 제일 먼저 수확한 올벼로 빚었기에 특별히 '오려송편' 또는 '신新송편'이라고 했다. 첫 추수를 감사하고 기뻐하는 의미다.

그렇다면 왜 하필 솔잎으로 떡을 쪘을까? 여기엔 과학적 이유가 있다. 솔잎 향기가 떡에 배면 맛도 좋고 오래 보관할 수도 있다. 예전 할머니들은 음력 8월에 떡을 찌면 쉽게 쉬기 때문에 솔잎을 얹어 찐다고 했다. 조선 시대 문헌 <홍재전서弘齋全書>에도 여름철 콩떡은 쉽게 상하니 솔잎으로 찐다고 적혀 있다. 솔잎이 떡의 보존성을 높이기 때문이다. 민속적 이유도 한몫했다. 옛날부터 한국인은 소나무가 장수를 상징하는 십장생 중 하나여서 신선은 늙지 않는 약으로 솔잎을 복용한다고 믿었다. 더운 날씨에도 쉽게 상하지 않고 솔잎 향기가 스며들어 맛도 좋은 데다 신선처럼 장수까지 꿈꿀 수 있으니 명절 음식으로 안성맞춤인 셈이다.

또 하나, 음력 8월 15일은 동아시아 공통의 명절이다. 이날 중국에서는 월병月餠, 일본에서는 쓰키미당코月見團子를 먹는다. 모두 보름달을 닮은 달떡이다. 반면 한국의 솔떡(松餠), 즉 송편은 보름달을 닮지 않았다. 그 이유는 명절의 기원과 관련 있는 것으로 보인다. 중국은 달 숭배 신앙과 달맞이 축제, 일본은 추수 감사와 달맞이 축제가 명절의 기원이다. 한국은 추수 감사와 부족의 대동 단합 축제가 그 기원이다. 달맞이는 부수적 행사였으니 굳이 보름달을 강조할 이유가 없었다는 이야기다.

삼짇날, 풍류를 담은 화전

지금은 명절의 의미가 사라졌지만 옛날에는 봄철의 삼짇날(음력 3월 3일)과 단오(음력 5월 5일)를 명절로 꼽았다.

동양에서는 달력의 한 자릿수 홀수가 겹치는 날을 길일로 여겨 명절로 삼았다.
홀수는 음양에서 양의 숫자이기에 따뜻한 기운이 넘치는 날로 보았다.

삼짇날은 기원이 복잡하지만 본질은 새봄을 맞는 날이다. 이 무렵의 한
국은 산천이 온통 진달래 꽃밭으로 변했기에 봄놀이를 겸해 진달래화전을 부
쳐 먹는 것이 풍류고 낭만이었다. 한국에서는 봄이면 진달래를 다양하게 먹었
다. 찹쌀가루에 진달래꽃을 얹어 부친 화전을 비롯해 밀가루에 진달래꽃을 섞
은 진달래국수, 진달래꽃을 띄운 화채가 대표적이다. 여기에 진달래떡, 진달
래술까지 봄이면 곳곳에서 진달래 축제가 벌어지곤 했다.

나쁜 기운을 쫓는 단오의 쑥떡

음력 5월 5일, 봄이 한창일 때인 단오는 따뜻한 기운이 넘치는 날이기도 했지
만 나쁜 기운을 쫓는 날이기도 했다. 옛날 할머니들은 단오에 액땜을 해야 한다
며 쑥떡을 빚었고, 요즘은 수리취떡을 먹는다. 단오에 왜 액땜을 했을까? 이유
는 나쁜 기운이 쏟아지는 날이기 때문인데, 6세기 문헌 <형초세시기荊楚歲時
記>에 따르면 단오는 전갈·뱀·지네·거미·두꺼비가 독을 뿜는 때라고 했다. 초

여름이 시작되면서 이런 동물의 독이 오르기 시작한다는
뜻이다. 이날 쑥떡을 먹는 이유는 옛날부터 동서양을 막
론하고 쑥이 나쁜 기운, 즉 벌레를 쫓는 약초였기 때문이
다. 수리취도 마찬가지다. 그래서 예전 시골에서는 여름
철에 쑥을 태워 모기를 쫓았다. 쑥의 영어 표현인 웜우드
wormwood나 머그워트mugwort 역시 모기나 나방, 벌
레를 쫓는 식물이라는 어원을 갖고 있다. 단오 음식 쑥떡
은 다가오는 여름, 기승을 부릴 해로운 기운을 물리친다
는 과학적 의미가 담겨 있다.

액을 막고 전염병을 물리치는 동지팥죽

한국인은 동짓날 팥죽을 먹는다. 귀신이 팥의 붉은색을
싫어하기 때문에 팥죽을 쑤어 나쁜 기운을 물리치고 집안
의 평안을 빌던 고대 풍속에서 비롯된 것이다. 터무니없

겨울 한가운데인 동짓날이 되면 붉은 팥으로 죽을 쑤어 살얼음이 낀 동치미를 곁들여 먹으며 서로 화합했다. 팥죽에는 가족의 나이 수대로 새알심을 넣어 끓이는 풍습도 있었다.

는 미신 같지만 알고 보면 역시 합리적이고 과학적이다. 동지에 왜 팥죽을 먹는 풍속이 생겼을까? 동지는 겨울이 끝나는 날이다. 보통 양력 12월 21일 아니면 22일, 또는 23일이다. 날씨로 보면 추위가 본격적으로 시작될 때인데, 이날 겨울이 끝난다고 한 이유는 1년 중 밤이 가장 길고 낮이 제일 짧은 날이기 때문이다. 태양의 고도가 가장 낮아졌다가 동지를 기점으로 다시 높아지므로 이것만 놓고 보면 겨울이 끝나고 봄이 시작되는 날, 다시 말해 새해가 되는 것이 맞다. 그래서 동양에서는 동지를 작은설, 즉 아세亞歲라고 했다. 그러니 동지팥죽은 일종의 새해 음식인 셈이다. 요즘도 동지팥죽을 챙기는 한국인이 많은 이유는 바로 이 때문이다.

지금은 한국에만 남아 있지만 동지팥죽은 고대 동아시아의 공통 풍속이었다. 고문헌 <형초세시기荊楚歲時記>에 따르면, 강물을 다스리는 신의 아들이 동짓날에 죽어 사람을 괴롭히는 역귀가 되었는데, 이 역귀가 팥을 무서워해서 그를 쫓으려고 사람들이 팥죽을 끓여 먹기 시작했다고 한다. 역귀는 전염병을 옮기는 귀신이다. 요컨대 강의 신이 홍수를 일으킨다면 그 아들은 전염병을 옮긴다는 뜻이다.

역귀가 팥을 무서워한 이유는 간단하다. 팥은 영양이 풍부하고 열량이 높아 추위를 물리치고 원기를 보충하는 데 안성맞춤이기 때문이다. 먼 옛날, 홍수로 집을 잃고 추위에 떨던 헐벗고 굶주린 백성들이 팥죽을 끓여 먹어 건강을 챙겼으니 역귀도 전염병을 옮길 수 없었을 것이다. 그래서 <동의보감東醫寶鑑>을 비롯한 동양 의학서는 하나같이 전염병을 물리치는 묘약으로 팥을 꼽았다. 동지팥죽을 비롯해 수수팥떡, 팥밥 등 팥을 먹으면 나쁜 기운을 쫓아내 액땜을 한다고 믿은 풍속이 생긴 배경이다. 어느 나라든 마찬가지겠지만 한국의 명절 음식에는 이렇듯 민속과 과학이 어우러져 가족의 건강과 풍요를 바라는 간절한 소망이 깃들어 있다.

미역국으로 시작해 흰쌀로 끝나는
한국인의 일생

글·정혜경(호서대학교 식품영양학과 교수)

'평생도' 중 돌잔치 부분.
'평생도'는 돌잔치, 혼인식, 회혼례,
벼슬살이의 장면 등 사람이 태어나서
죽을 때까지 경사스러운 일을 골라 그린
그림으로 대개 여덟 폭에서 열두 폭짜리
병풍으로 만들었다.
국립중앙박물관 소장.

통과의례의 핵심은 음식 차리기

한국인에게 의례란 생활 그 자체였다. 인간이 태어나면서부터 죽을 때까지 새로운 단계마다 치르는 모든 의례를 '통과의례'라고 하는데, 특히 '관혼상제'라고 일컫는 4대 의례는 인생의 가장 중요한 시기에 획을 그어주는 결정적 행사였다. 이때 빠질 수 없는 게 '음식 차리기'다. 특히 관혼상제에서 이루어지는 음식 접대 혹은 음식을 통한 사회적 교환은 한국인만의 독특한 음식 문화라 할 수 있다.

한국인의 의례는 쌀 혹은 쌀밥을 올리는 게 기본이다. 아이가 태어나면 흰쌀밥과 미역국으로 삼신상을 차리고, 태어나 21일째가 되는 삼칠일에도 흰쌀밥을 차린다. 아이의 백일에는 새벽에 삼신에게 쌀밥과 미역국을 올리고 이를 산모가 먹는다. 그리고 붉은색의 수수경단을 만들어 액땜하고, 흰무리떡(백설기)을 해서 많은 사람과 나누어 먹는다. 그래야만 부귀 장수한다고 믿었기 때문이다. 이처럼 백일 음식으로 쌀·흰무리떡·송편·인절미·찹쌀경단·수수경단·무지개떡 등을 준비해 여러 집과 나누어 먹으며, 이웃집에서는 쌀과 실, 돈으로 선물을 보낸다. 아이가 태어난 지 1년이 되면 여러 가지 떡과 과일, 쌀과 돈을 비롯해 책, 바늘, 실, 장난감, 활 등을 올려놓고 돌상을 차린다. 아기를 상 앞에 앉힌 뒤 상 위에 놓인 물건을 집게 하는데, 이는 아기의 장래 운명을 점치는 것으로 쌀과 돈은 재복을 뜻한다.

탄생을 기리고 복을 기원하는 회갑례

한국인은 탄생을 중시했다. 특히 해마다 돌아오는 생일을 특별한 날로 여겨 생일상을 차려 축하했다. 자녀의 생일은 부모가, 어른의 생일은 당사자나 성장한 자손이 작은 잔치를 베풀어 축하하는데, 생일상은 아침에 차리는 것이 보통이며 특히 미역국과 흰쌀밥을 빼놓지 않는다. 이 외에 고기, 생선, 전, 떡, 한과 등

특별한 음식을 차리고 약주로 반주를 하기도 했다.

생일 중에서도 61세(만 60세) 생일을 축하하는 회갑례는 그 의미가 컸다. 회갑은 환갑이라고도 부르는데, 태어난 간지의 해가 다시 되돌아온 것을 의미한다. 생일날 아침 큰상을 차려놓고 생일을 맞은 이와 그 배우자가 수연석壽宴席에 앉으면 먼저 장남 부부가 술잔을 올린다. 회갑상은 고임상(의식이나 잔치에 쓰는 음식을 높이 쌓아 올린 상)으로 차리는데, 밥과 갱(국)은 놓지 않는다. 고임 음식 뒤에는 장국상(입맷상, 밥 대신 국수·만두·떡국 등으로 차리는 간단한 점심상)을 곁들이고, 고임 음식을 가득 올린 큰상의 좌우에는 폐백 선물과 상화를 꽂았다. 큰상의 고임 음식 전면에는 색상을 맞춰 축祝, 수壽, 복福 등의 글자를 만들어 부모의 만수무강을 기원했다. 특히 회갑례에선 고임 음식의 높이가 부모에 대한 효성의 척도라고 여겨 고임 음식을 높이 화려하게 장식했다.

사회의 일원으로 거듭나는 성인식, 관례

예나 지금이나 성인이 된다는 건 통과의례에서 매우 중요한 의미를 지닌다. 관례는 과거 전통 사회에서 남자가 치르던 성인 의식으로, 스무 살이 되면 치르는 지금의 성인식과 유사하다. 관례를 치른 뒤에는 사회의 일원이 되어 어른 사회에 참여할 수 있는 권리를 부여받는데, 그만큼 책임도 무거워진다. 시대에 따라 다르지만 남자는 장가를 가지 않았어도 15~20세 정월(1월) 중 길한 날을 택일해 관례를 행했다. 이때 사당에 올리는 제수는 술(酒), 과일(果), 포脯 또는 해醢로 간소하게 차렸다. 현재는 남녀 모두 20세(만 19세)를 성년으로 치며, 5월 셋째 월요일을 성년의 날로 정해 의식을 행하고 있다. 한편 책례冊禮는 서당에서 흔히 '책거리' 또는 '책씻이'라 하여 책 한 권을 다 읽거나 붓으로 베껴 쓰고 난 후 스승과 동문들에게 한턱내는 일을 말한다. 이때 술, 고기, 떡 등으로 상을 차려 축하 잔치를 했다.

화려한 큰상으로 축하의 의미를 더하는 혼례와 회혼례

혼례에서는 상호 간 호혜 관계를 중시하며 의례 절차를 진행했다. 이에 따라 신부 측과 신랑 측의 음식물 교환, 혼주와 하객의 선물 및 음식물 교환이 이루어지는데, 혼례 음식으로는 봉치떡, 합환주, 초례상, 폐백 음식 등이 있다. 신부가

함을 받을 때 놓는 봉치떡은 부부 화합을, 혼례상 위의 합환주는 부부 결합을, 초례상과 폐백 음식의 밤과 대추는 자손 번창을 의미한다.

통과의례 상차림에서 가장 중요한 것이 큰상 차림이다. 혼례·회갑례·회혼례 등에 차리는데, 축하와 경사를 상징하는 화려한 차림으로 고임상 혹은 고배상이라고도 한다. 떡, 숙실과, 견과, 유밀과, 당속 등의 음식을 높이 괴어 상 앞쪽에 색을 맞추어 진설(제사나 잔치 때 음식을 법식에 따라 상 위에 차리는 것)하고 가화(꽃)로 장식한다. 그리고 면류를 위주로 한 장국상을 주인공 앞쪽에 차린다. 회혼례는 혼인한 지 만 60년이 되는 해에 올리는 결혼기념식이다. 결혼 후 자녀가 성장하고 집안이 번성하며 부부가 장수해 다복하게 산 것을 기념해 다시 올리는 혼례식인 셈이다. 부부가 처음 결혼했을 때처럼 신랑 신부 복장을 하고 자손들이 차례로 술잔을 올리는데, 권주가와 춤도 마련해 흥을 돋운다. 큰상은 혼례 때와 마찬가지로 높게 고임상으로 차리며, 손님 대접 역시 다른 잔치와 마찬가지로 장국상을 낸다.

효와 정성을 가득 담은 마지막 의식, 상례

부모가 운명하면 자손들은 비탄 속에서 상례를 치른다. 상례에서도 한국인은 효와 정성을 음식으로 표현했다. 망인(죽은 이)의 입에 버드나무 수저로 쌀을 떠 넣어 이승의 마지막 음식을 드렸고, 망인을 저승까지 인도하는 사자使者를 위해 대문 밖에 사잣밥을 차렸다. 입관이 끝난 후에는 혼백상을 차리고 초와 향을 피우며 술, 과일, 포를 차려놓고 상주가 조상弔喪을 받는다. 상례가 끝나는 출상 때는 제물을 제기에 담아 여러 절차를 치른 후 봉분을 하고 나서 돌아와 상식上食 상을 차렸다. 지금은 거의 사라진 전통이지만 과거에는 만 2년간 아침저녁으로 고인이 즐기던 음식 위주로 상식을 차려 올렸다. 특히 삭망(음력 초하룻날과 보름날)에는 음식을 더욱 정성껏 마련해 제사를 지냈다.

현대에도 여전히 살아 숨 쉬는 제사의 전통

한국인은 현대에도 조상숭배 의례인 제사를 대부분의 가정에서 지낸다. 예부터 제사는 살아있는 사람이 죽은 이의 영혼과 만나는 것이며, 죽은 이를 대접하는 하나의 의식이라 믿었다. 또 제사를 통해 효를 표현하고, 죽은 이를 잘 대접

'평생도'중 회혼례 부분.
해로한 부부의
혼인한 지 예순
돌을 축하하는 기념
잔치다. 혼례 때처럼
높은 고임상으로
큰상을 차리고, 손님
대접도 극진하게
했다.

함으로써 살아 있는 사람이 보상을 받는다고 생각했다. 최상의 대접은 결국 음식상을 잘 차리는 것으로 나타났다.

제사상에는 기본적으로 맨 앞줄에 과일, 둘째 줄에 포와 나물, 셋째 줄에 탕, 넷째 줄에 적과 전, 다섯째 줄에 메(밥)와 갱을 놓는다. 그러나 제사상 차림은 각 지방의 관습이나 가문의 전통에 따라 조금씩 다르다. 실제로 각 가정에서는 비교적 쉽게 갖출 수 있는 음식으로 상을 차렸고 고인이 살아생전 드시던 음식을 주로 진설했다. 제사는 고인이 돌아가신 전날 지내며 의식도 비교적 복잡하고 진설도 생전에 놓는 법과는 반대다. 제기와 제상은 잘 간수해 제사에만 쓰는데, 제기는 보통 유기·사기·목기로 만들며 높이 숭상한다는 의미로 굽을 달았다. 특히 제사 음식은 정성을 들여 장만하는 것이 중요하다. 제사는 간편을 추구하는 현대에도 여전히 살아 숨 쉬는 한국의 전통이다.

한국인에게 의례란 생활 그 자체였다.
관혼상제마다 이루어지는 음식 접대 혹은 음식을
통한 사회적 교환은 한국인만의 독특한
음식 문화라 할 수 있다. 매년 생일과 60번째 생일인
회갑례에 먹는 쌀밥과 미역국, 사회의 일원으로
거듭나는 성인식인 관례에 차린 술·고기·떡,
혼례 음식으로 차린 봉치떡·합환주, 회혼례를 위한
고임 음식, 제사상 음식…. 인생의 중요한 시기에
획을 그어주는 행사의 중심은 역시 음식이었다.

한식의
기본

요즘 한국인이 즐겨 먹는 식재료

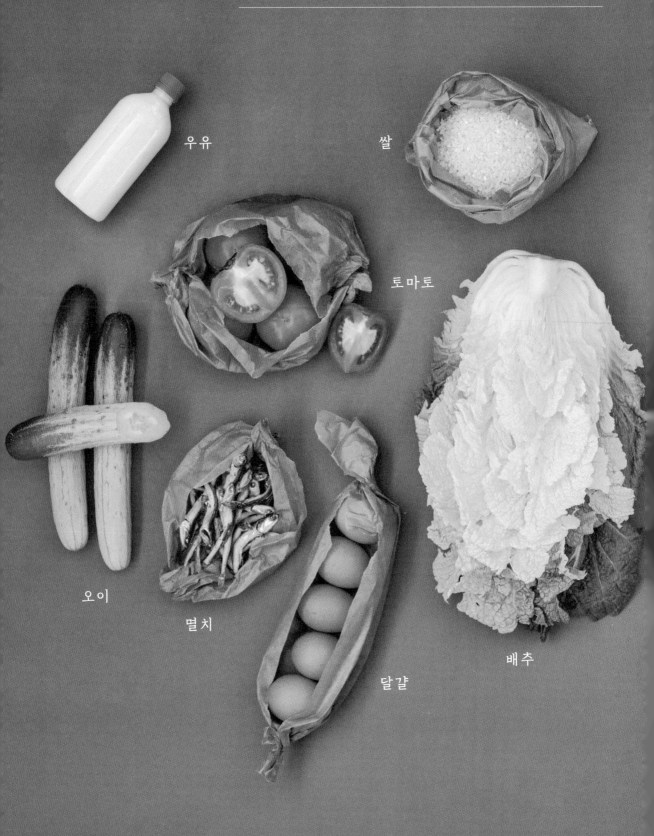

우유

쌀

토마토

오이

멸치

달걀

배추

버섯

쇠고기

무

새우

당연한 얘기지만 식문화는 시대에 따라 변화한다. 각 나라별·세대별 라이프스타일의 변화가 음식 문화에 고스란히 반영되는 것. 급격한 서구 문화의 유입은 한국인의 입맛을 바꾸고, 식탁을 바꾸고, 식재료까지 바꾸었다. 곡물류 중 여전히 쌀과 콩을 즐겨 먹지만, 육류는 쇠고기보다 돼지고기를 선호하고 한때 귀한 식재료이던 우유와 달걀 역시 흔해졌다. 채소류 또한 배추와 무에는 비할 수 없지만 토마토의 소비가 파 같은 필수 양념류에 육박할 정도로 늘어나는 추세다. 수산물도 명태나 고등어보다는 새우, 멸치, 오징어를 찾는 이가 많아졌다. 밥과 국, 반찬 중심이던 밥상이 일품요리 위주의 한 그릇 음식으로 바뀌고 있는 것도 식재료의 변화를 가져온 요인이다.

지금 한국인의 식탁에
자주 오르는 식재료는 무엇?

순위	품목	공급량
1	쌀	3,691
2	우유류	3,525
3	배추	1,817
4	돼지고기	1,294
5	양파	1,078
6	무	752
7	쇠고기	563
8	닭고기	534
9	달걀류	494
10	파	333
11	토마토	329
12	수박	310
13	오이	292
14	호박	275
15	새우	266
16	양배추	247
17	고추(마른고추＋풋고추)	227
18	버섯류	198
19	멸치	198
20	오징어	195

*출처: '2017 식품 수급표'(한국농촌경제연구원) 중
2017년 식품 공급량(단위: 1000톤)

쌀 … 1980년대 이후 쌀 소비량은 줄어드는 추세지만, 한국인의 쌀 사랑은 여전하다. 쌀이 매년 식품 공급량 1위를 차지하는 이유다. 이는 한국인에게 '밥'이 지니는 절대적 의미와도 통한다. 밥과 반찬 중심의 반상 문화가 쇠퇴하고 있다 해도, 한국인에게 끼니는 쌀로 만든 밥이 기본이기 때문이다.

배추 … 무, 고추, 마늘과 함께 한국인이 즐겨 먹는 4대 채소 중 하나다. 한국의 식문화를 대표하는 김치의 주재료인 데다 국이나 전골 등에도 많이 사용하기 때문. 특히 배추된장국은 한국인이 밥처럼 일상식으로 여기는 음식이다.

달걀 … 조선 시대만 해도 달걀은 귀한 식재료였던 까닭에 당시 조리서에 등장하는 달걀 요리 역시 흔치 않았다. 국자에 달걀을 하나씩 깨어 담은 후 끓는 물에 띄워 익힌 수란이나 고기 양념을 넣어 반달형으로 부쳐낸 알쌈 정도가 전부였다. 하지만 지금은 달걀찜, 달걀말이, 달걀 프라이, 삶은 달걀 등 다양한 형태로 쓰일 뿐 아니라 라면에 곁들이는 용도로도 많이 애용하고 있다.

멸치 … 한국인이 즐겨 먹는 대표 수산물 중 하나. 갓 잡은 멸치는 회로도 먹지만, 주로 삶은 후 말려서 마른 멸치 형태로 활용한다. 마른 멸치 중 잔멸치는 견과류 등과 함께 볶아 밑반찬으로 즐긴다. 반면 큰 마른 멸치는 국물 요리의 육수를 내는 데 많이 쓴다. 멸치를 소금에 절여 삭힌 멸치젓은 김치를 담글 때 넣으면 좋다.

오이 … 한국인은 오이를 대개 생으로 섭취하거나 소금에 살짝 절인 후 물기를 꼭 짜서 무침으로 많이 활용하는데, 오이지·오이소박이 등 김치로 담가 먹는 경우도 많다. 여름엔 미역과 채 썬 오이로 만든 미역냉국도 즐겨 먹는다.

토마토 … 토마토의 소비량 증가는 서구 식문화 유입과 한국 식문화 변화에 따

른 결과다. 파스타나 수프, 샐러드 등을 즐겨 먹으면서 토마토 선호도도 함께 올라간 것. 특히 토마토에 함유된 리코펜 성분이 노화 방지와 암 예방에 효능이 있다고 알려지면서 섭취가 크게 늘었다. 생으로도 많이 먹지만 갈아서 주스로도 많이 즐기는데, 다이어트에 특히 효과가 좋다.

우 유 … 과거 우유는 왕실 혹은 상류층에서나 먹을 수 있는 음식이었다. 우유에 쌀을 넣어 만든 타락죽이 왕의 별식으로 통한 이유다. 하지만 1960년대 초 낙농업이 본격화된 후 우유 소비량은 꾸준히 늘었다. 아침 식사로 빵과 우유 혹은 우유와 시리얼을 먹는 이가 많아졌고, 버터나 치즈 같은 유제품 소비도 증가하고 있다.

버 섯 … 버섯은 다양한 한국 음식에 많이 활용하는데, 주로 양송이버섯·표고버섯·느타리버섯·팽이버섯 소비량이 많다. 찜이나 전골을 끓일 때 넣거나 고기를 곁들여 전으로도 즐겨 먹는다. 목이버섯은 잡채의 필수 재료로 손꼽힌다. 검은색을 띠는 석이버섯은 고명으로도 많이 활용한다. 송이버섯은 값은 비싸지만 영양가가 높고 향이 좋아 특별한 날 선물하기에 좋다.

쇠고기 … 최근 가격 등 여러 가지 요인으로 돼지고기 소비량이 늘어나긴 했지만, 전통적으로 한국인이 선호하는 고기는 쇠고기다. 국·찜·적·구이 등 다양한 형태의 요리로 활용하는 것은 물론, 사골 등 소뼈와 쇠고기를 푹 고아 만든 설렁탕·곰탕·육개장 등은 한국인 특유의 국물 문화를 대변하는 음식으로 통한다. 더불어 불고기나 갈비찜은 외국인이 가장 좋아하는 한식 메뉴이기도 하다.

새 우 … 새우는 찜이나 구이·튀김·전 등에 많이 활용하는 식재료로, 특히 대하소금구이는 가을 별식으로 유명하다. 작은 새우는 주로 소금에 절여 새우젓을 담가 먹는데, 반찬으로도 먹지만 김치 등을 담글 때 조미료로 많이 활용한다. 민물 새우로 만든 새우젓을 '토하젓'이라 부르는데, 감칠맛이 남달라 입맛을 돋운다. 경상도와 전라도 지역에서 즐겨 먹는 밥도둑 중 하나다.

무 … 김치의 주재료 중 하나. 특히 겨울 무는 단단하면서도 덜 매워 어떤 재료와 함께해도 풍부한 맛을 낸다. 채 썰어 즉석에서 버무리면 입맛 돋우는 생채가 되고, 쇠고기와 함께 국을 끓이면 깊은 맛을 내는 쇠고기뭇국이 된다. 갈치나 고등어 등 생선을 조릴 때 함께 넣어도 좋다.

조미료를 넘어 약, 한식 양념

글·윤덕노(음식 문화 칼럼니스트)

한식 양념의 핵심은 마늘, 고춧가루, 파, 장류, 젓갈류다. 여기에 주재료의 특징과 조리 방법에 따라 생강, 배, 소금 등을 추가로 넣는다.

조화로운 맛을 만드는 마법의 도구, 양념

한국 음식은 매운 편이다. 왜 매울까? 여러 이유가 있지만 근본 요인은 양념 때문이다. 양념의 사전적 정의는 "음식 맛을 돋우기 위해 쓰는, 향신료를 포함한 모든 재료"이고, 어떤 재료를 사용하느냐에 따라 한 나라 요리의 특색이 결정된다. 양념이 한국 음식에서, 나아가 이 세상 모든 음식에서 중요한 이유다.

한국 양념의 기본은 고추와 고춧가루, 고추장이다. 반면 일본 양념은 간장이 기본이고, 중국은 어느 한 가지로 특정하기 힘들지만 대체로 중국식 된장과 소금 그리고 다양한 향신료를 꼽는다. 유럽 역시 대체적으로 소금과 갖가지 향신료로 구성한 소스가 기본이다. 한식 양념의 기본을 고춧가루와 고추장을 포함한 고추라고 했지만, 사실 그게 전부는 아니다. 여러 향신료가 골고루 조화를 이루면서 음식 종류에 따라 포인트가 달라진다.

한국 음식을 맵다고 느끼는 이유는 적지 않은 요리가 고춧가루, 고추장을 베이스로 마늘과 파 등의 향신료를 간장, 매실액, 참기름, 깨소금, 식초 등과 함께 버무린 양념으로 조리하기 때문일 것이다. 한식에는 고춧가루나 고추장 양념이 들어가지 않은 음식도 많다. 예컨대 고기를 잴 때, 혹은 나물을 무칠 때는 간장을 베이스로 양념한다. 여기에 생강, 마늘, 파 같은 매운맛이 나는 향신료를 추가한다. 그래서 고추를 쓰지 않아도 한식을 맵다고 하는 것이다. 물론 국과 된장찌개를 비롯해 된장을 바탕으로 한 맵지 않은 양념도 있다.

한식 양념의 또 다른 특징은 조화의 맛이다. 한식 양념의 기본을 고추라고 했지만, 유럽 요리의 조미료(seasoning)처럼 고춧가루 혹은 후춧가루 등 한 가지 향신료를 뿌리는 방식이 아니다. 많은 경우 한식 양념의 고추는 서양 소스(sauce)에 들어간 소금처럼 다른 향신료와 어우러진 숙성된 조화의 맛이다. 한국 음식의 특징인 비빔 문화가 양념에도 반영되어 있는데, 그렇기에 한식 양념은 맵지만 인도의 커리나 쓰촨의 고추보다 덜 자극적이다.

양념은 본래 건강에 좋은 약이다

한국인은 언제부터, 그리고 왜 고추를 기본으로 한 매운 양념을 먹기 시작했을까? 고추는 남미가 원산지다. 콜럼버스가 15세기 말 아메리카 대륙에 도착한 이후 유럽에 퍼졌고, 멀리 극동에 위치한 한반도에는 16세기 말 임진왜란을 통해 전해졌다. 고추가 최초로 스페인에 전해졌을 때 식용이 아니었던 것처럼 한국에서도 처음부터 고추를 먹지는 않았다. 고추가 식용으로 널리 퍼지며 고춧가루 양념 김치와 고추장이 등장한 것은 17세기 중·후반 이후로 추정한다. 그렇다면 17세기 이전 한국 음식은 전혀 맵거나 자극적이지 않았을까?

고문헌에는 이전에도 마늘, 파, 생강, 후추, 산초 등 다양한 향신료를 이용해 김치를 담갔다고 나온다. 18세기 조선 대표 지식인 정약용이 쓴 사전 <아언각비雅言覺非>에도 양념에 대한 설명으로 "생강, 마늘 같은 매운 향신료를 찧어 맛을 미혹시키는 것"이라고 풀이해놓았다. 이는 옛날 양념 역시 맵고 자극적이었음을 뜻한다. 다만 이런 양념으로 조리한 음식은 양반과 부자가 아니면 먹지 못했을 것이다. 근대 이전 유럽에서 향신료가 비싼 값에 거래된 것처럼 17세기 조선에서도 생강, 후추, 산초는 값비싼 수입 향신료였기 때문이다. 유럽과 마찬가지로 한국의 양념 역시 부의 상징이며 조미료 이상의 약이었다.

양념이란 이름 자체에 그런 역사적 의미가 담겨 있다. <아언각비>는 각종 매운 향신료로 만든 조미료를 우리나라에서는 '약렴藥廉'이라 부른다고 설명한다. 염廉이라는 한자에는 '살피다' '성찰하다'라는 뜻이 있다. 혹은 '약념藥念'이라고 쓰기도 한다. 염念은 '생각'이라는 의미다. 곧 양념을 몸에 좋은 약으로 생각했다는 의미인데, 실제로 옛날에는 동서양을 막론하고 후추나 생강 등의 향신료를 대부분 약으로 썼다.

뒤집어 말하면, 몸에는 좋지만 값은 엄청 비쌌다는 이야기다. 조선 시대 이래로 양념이 대중화되었는데, 처음에는 식용이 아니었기에 저렴하던 고추가 값비싼 후추를 대체했고, 이 과정에서 고춧가루 중심의 양념이 만들어졌다. 이것이 한국 양념의 역사이고 유래다.

그러고 보면 최근 캡사이신까지 이용해 극한의 매운맛을 강조하는 일부 한국 음식의 트렌드를 주목할 필요가 있다. 물론 시대적 유행을 반영한 것일 수 있고, 음식 또한 진화하는 것이니 변화의 추세일 수도 있다. 하지만 극단적으로 매운맛은 건강과 조화와 숙성을 추구하는 한국의 전통 양념 맛은 아니다.

그릇 위 화룡점정, 고명

글·윤덕노(음식 문화 칼럼니스트)

한국 음식은 고명을 얹어 마무리해야 비로소 완성된다. 궁중 요리나 연회 요리 뿐 아니라 일상에서 먹는 음식도 예외가 아니다. 아무리 잘 만든 잡채 한 접시라 도 달걀지단이 올라가지 있지 않으면 미완성이고, 맛깔 나게 무친 나물 역시 고명 으로 참깨를 뿌려야 더욱 먹음직스럽다. 이렇듯 고명은 음식의 완성도를 높이 는 화룡점정이기에 '한식의 꽃'이라고 말한다.

고명이 무엇일까? 국어사전에서는 "음식의 모양과 빛깔을 돋보이게 하 고 맛을 더하기 위해 음식 위에 얹거나 뿌리는 것을 통틀어 이르는 말"이라고 정의한다. 한마디로 음식의 맛과 멋을 더하기 위한 장식이다. 이 세상 음식 대 부분은 입맛을 돋우기 위해 모양을 낸다. 서양에서도 파스타에 파슬리를 뿌려 장식하고, 생선 토막에도 레몬 한 조각을 올려 멋을 더한다. 서양식 고명인 가 니시garnish다. 그렇다면 고명과 가니시는 무엇이 다를까?

그러고 보니 고명도 오방색이었다

고명이건 가니시건 본질은 음식을 화려하고 풍성하게 보이기 위한 장식이고, 시각적 효과를 통해 입맛을 돋우는 데 목적이 있다. 따라서 본질은 같지만 차 이도 있다. 서양 요리에서 가니시는 맛보다 시각적 효과를 강조하는 측면이 있 다. 스테이크에 뿌린 로즈메리는 풍미를 더하는 목적도 있지만 장식 효과 또한 크다. 접시를 장식한 소스의 그림 역시 장식의 의미가 강하다.

반면 한식의 고명은 음식에 얹어 장식 효과를 극대화하는 경우도 있지만, 대부분 음식에 녹아들어 색과 맛의 조화를 추구한다. 고명으로 마무리해야 멋 은 물론 음식의 맛이 완성된다는 것인데, 여기에는 또 다른 의미도 있다. 여름 별미인 콩국수에는 반드시 오이를 채 썰어 얹는다. 하얀 콩국과 초록 오이가 만 들어내는 색의 조화도 좋지만 그게 전부는 아니다. 단지 색깔 때문이라면 고명 으로 애호박을 써도 된다. 하지만 굳이 오이인 까닭은 콩국수가 차갑게 먹는 별 식이고 오이는 냉한 채소이기 때문이다. 음식 궁합을 맞춘 것이다.

한국 음식에 가장 많이 올라가는 고명. '청'에 해당하는 오이·파·풋고추·미나리, '적'에 포함되는 대추·홍고추·실고추·당근, '황'을 담당하는 달걀노른자 지단, '백'이 되는 달걀흰자 지단·잣·밤, '흑'에 해당하는 표고버섯·석이버섯·목이버섯·검은깨 등이 있다.

복어를 비롯해 한국 생선 요리에는 미나리를 고명으로 쓰는 경우가 많다. 미나리의 향기와 초록색이 맛과 색의 조화를 통해 풍미를 자극하기 때문이지만, 또 하나는 옛날 사람은 미나리가 해독 작용을 한다고 믿었기 때문이기도 하다. 잡채는 당면과 고기, 버섯, 시금치, 당근 등을 버무리고 흰색과 노란색 달걀 지단을 고명으로 얹는다. 그래서 시각적으로 화려하고 영양도 우수하지만 추가적으로 고려할 부분이 있다. 잡채에는 파랑, 노랑, 빨강, 검정, 하양 등 다섯 가지 색이 골고루 들어가 있다는 것이다. 동양에서는 이 다섯 가지 색을 동서남북과 중앙을 대표하는 오방색이라 부르고, 그 다섯 가지 색이 고루 들어간 음식은 건강에 좋다고 믿었다. 잡채에 고명으로 올린 노랗고 하얀 지단은 그래서 부족한 오방색을 보충한다는 의미가 있다. 약식동원藥食同源의 마무리 역할을 하는 한식 고명은 상당 부분 이런 음양오행 철학을 바탕으로 한다.

최고 식재료로 요리를 완성하다

한식 고명의 또 다른 특징은 나물 등에 뿌린 깨에서도 엿볼 수 있다. 깨를 뿌리는 것은 풍미를 더하기 위해서지만 또 다른 이유도 있다. 옛날에는 깨가 귀한 향신료였다. 그래서 할머니들은 참기름 한 방울도 아까워했고, 고대 중국에서는 깨를 신선의 불로초, 고대 중동에서는 천국의 음식으로 여겼다.

한식 고명 재료로 많이 쓰는 버섯, 대추, 밤, 호두, 은행, 잣, 미나리, 파 등은 대부분 값비싼 향신료이거나 혹은 민속적으로 상징적 의미를 갖는 식재료다. 후추, 레몬, 허브 등 서양 가니시도 이와 배경이 비슷하니 모두 상징적이건 경제적이건 최고 식재료로 요리의 마지막을 장식한다는 의미가 있다.

그러면 고명은 언제부터 썼을까? 역사를 정확히 알 수는 없지만 18세기 조선의 석학 이익은 <성호사설星湖僿說>에서 고명의 어원을 글자로 새겨 장식한 떡에서 찾았다. 고명은 떡 고糕, 새길 명銘으로 10세기 문헌에서는 장식을 새겨 넣은 떡을 의미했지만, 그 떡이 사라지고 장식한다는 뜻의 이름만 남았다는 것이다. 17세기 음식 조리서 <음식디미방>에는 국수의 고명을 뜻하는 '교태' '교토'라는 단어가 나온다. 따라서 문헌상으로 고명의 역사는 늦어도 10세기 이전, 먼 옛날부터 시작해 줄곧 요리에 맛과 멋을 돋우는 역할을 해온 것으로 보인다. 음식을 맛있고 멋있게 먹기 위한 한국인의 노력을 고명의 역사에서도 엿볼 수 있다.

회칼 얇고 가느다란 긴 칼.

창칼 채소나 과일을 다듬을 때 주로 쓰는 칼.

식칼 다용도로 쓰는 칼.

붕어칼 생선이나 조류 손질할 때 쓰는 칼.

자르다? 썰다!
한식 칼

구술·최용진(대장간 분야 기능전수자)

무쇠를 날카롭게 벼려 만든 한식 칼.
한식 칼은 육류·생선·채소 등의 조리에
다용도로 사용하는 식칼과 채소나 과일을
다듬을 때 주로 사용하는 창칼, 이렇게 두
종류로 분류하는 게 일반적이다. 하지만
넓게 보면 회를 뜰 때 사용하는 회칼,
생선이나 닭 등 가금류를 조리할 때 주로
쓰는 붕어칼 등을 포함하기도 한다.

칼은 주방의 절대적 일인자라 할 만하다. 한국인은 '식칼' 또는 '부엌칼'이라 부르는 다용도 칼로 국부터 찌개, 볶음, 조림, 찜 등에 이르기까지 다양한 음식을 삼시 세끼 조리해왔다. 한국의 칼은 보통 두 종류로 나뉜다. 큰 칼인 식칼은 다용도 칼로, 주로 육류·생선·채소를 다루는 데 사용한다. '창칼'이라 부르는 작은 칼은 채소와 과일을 다루는 데 사용한다. 여기에 굳이 추가하자면 회 뜨는 데 필요한 가늘고 긴 '회칼'과 육류와 생선을 토막 내는 데 주로 쓰는 '붕어칼' 정도를 한국의 칼 목록에 포함시킬 수 있다.

지금이야 녹슬지 않는 스테인리스스틸 소재 칼이 대부분이지만, 과거엔 대장장이가 직접 만든 무쇠 칼이 일반적이었다. 무쇠를 불에 달궈 수차례 메질해 모양을 만들고 여러 번 담금질해 강도를 높인 무쇠 칼은 비록 모양은 투박하지만 단단하면서도 날카로워 어떤 식재료도 다루기에 적당했다. 오래 사용해 칼날이 무뎌지면 숫돌에 갈아 날을 벼렸는데, 덕분에 과거엔 숫돌을 둘러메고 집집마다 돌며 "칼 갈아요"라고 외치는 칼 장수가 흔했다.

재료를 썰고 빻을 때 편리한 한식 칼

한국의 식칼이 다른 칼과 다른 점은, 이어령의 <우리문화 박물지> 속 칼 이야기를 보면 명확해진다. "칼이란 잘 들기 위해서 만든 것이지만 한국인은 되도록 잘 들지 않도록, 아니 잘 들어도 잘 안드는 것처럼 보이게 하기 위해 애썼다. 그러므로 식칼은 찌르는 칼도 아니요, 베거나 자르기 위한 칼이 아니라 썰기 위해 있는 칼이다. '썰다'는 톱질을 할 때처럼 상하로 움직임을 되풀이하는 것으로 잘 들지 않는 칼을 쓸 때 그런 동작이 나오는 것이다. 한국의 식칼이 그렇게 투박하고 무거운 것은 칼날보다 그 무게의 힘으로 자르려 했기 때문이다." 그의 글처럼 한국의 식칼은 겉과 속이 다르다. 겉으론 투박해 보이지만 실제론 날카로운 데다 무게가 묵직해 배추, 무 등 부피가 크고 단단한 채소는 물론 고기, 생

선 등을 썰 때 큰 힘을 들이지 않아도 된다.

특히 무쇠 칼은 한식의 필수 양념인 파, 마늘을 손질할 때 유용하다. 파를 잘게 다질 때면 무쇠 특유의 묵직한 무게감이 큰 힘을 발휘하고, 밑부분이 동그랗고 평평한 나무 칼자루는 마늘을 빻을 때 편리하다. 인기 TV 프로그램 <냉장고를 부탁해>를 통해 알려진 이원일 셰프가 자신이 즐겨 쓰는 칼로 "대장장이가 담금질하고 손으로 일일이 두드려 만든 전통 무쇠 칼"을 꼽은 것도 이 때문이다. 그는 전통 무쇠 칼을 한식 맞춤 칼이라 예찬했다.

한국 전통 칼의 명맥을 잇는 대장간 칼

사실 대장장이가 전통 방식으로 만든 수제 '식칼'은 예전에 비하면 보기가 많이 힘들다. 하지만 이원일 셰프처럼 무쇠 칼에 매료돼 전통 대장간을 찾는 이가 꾸준히 늘어나면서 한국 전통 칼에 대한 호평이 잇따르는 추세다. 충청북도 증평군 증평대장간의 무쇠 칼 역시 최근 SNS에서 호평을 받으며 인기를 모으고 있다. 덕분에 해외에서도 무쇠 칼 주문이 쇄도할 정도다. 이곳의 주인장인 최용진 선생은 대한민국이 인정한 대장간 분야 기능전수자이자 50여 년 동안 무쇠 칼을 만들어온 칼 장인이다. 그가 만든 무쇠 칼은 사용하기 편리하고 오래 써도 칼날이 쉽게 무뎌지지 않아 한번 써본 이들은 반드시 다시 찾을 정도로 명성이 높다.

"한국 전통 칼은 여러 번 불에 달궈 망치로 두드려가며 모양을 잡고, 열처리 후 물에 식히는 과정을 수차례 반복하는 담금질을 거치기 때문에 강도가 매우 강합니다. 또 칼날을 세심하게 갈아 단단하면서도 예리해 다용도로 이용하기에 적합하지요. 제대로 관리하지 않으면 녹이 스는 단점이 있긴 하지만 불에 살짝 달궈서 사용하고, 기름칠해 보관하면 오래도록 잘 이용할 수 있습니다."

다양한 한식 요리에 안성맞춤인 한식 칼은 여전히 유명 셰프와 주부의 동반자로 명성을 이어가고 있다.

한식에 꼭 필요한 조리 도구

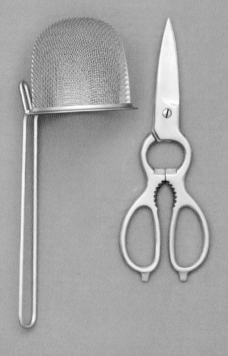

튀김용 젓가락
일반 젓가락에 비해 길이가 길어 안전 거리를 유지할 수 있다.
열전도율이 낮은 나무나 실리콘 소재가 대부분이다.

김발
김밥 모양을 잡아주는 도구. 김발 위에 김을 펼치고 밥과 각종 재료를
올린 후 둘둘 만다. 대나무가 주재료이므로 세척하기도 용이하다.

주걱
밥을 섞거나 풀 때 사용한다. 모양이 둥글넓적하고 손잡이가 길지 않다.
나무, 플라스틱, 스테인리스스틸 등 소재가 다양하다.

국자
국물 요리가 많은 한식에 꼭 필요한 도구. 움푹한 부분과
수직으로 긴 자루로 이루어져 뜨거운 국물을 옮겨 담기에 그만이다.

뒤집개
전, 지짐, 부침 등을 할 때 양쪽 면이 골고루 익도록 음식을 뒤집는 데
사용한다. 나무, 스테인리스스틸, 실리콘 등 소재도 다양하다.

설거지솔
주로 소쿠리나 채반, 냄비, 프라이팬 등을 세척할 때 사용한다.

강판
서구화된 식습관 덕에 주방 필수품으로 떠오르고 있다.
파스타, 샐러드 토핑용 치즈를 가는 본래 용도 외에도 한국인은
감자나 양파, 무를 갈 때도 많이 사용한다.

밀대
주로 칼국수 반죽을 일정한 두께로 밀 때, 만두피를 얇게 밀 때 쓴다.

된장망
국이나 찌개를 끓일 때 뭉친 된장을 풀고 거르는 용도로 사용한다.

계량컵
과거 한국의 엄마들은 재료를 어림짐작해 넣었다면, 지금은 일정한
맛을 유지하기 위해 계량컵으로 정확히 계량한다.

가위
'식가위'라고도 한다. 찌개용 김치, 고추나 파를 빠르게 자르거나
냉면, 막국수를 자를 때 주로 사용한다.

체

나물을 삶아 물기를 뺄 때, 육수를 끓인 후 재료를 건져낼
때 주로 사용한다. 최근엔 세척하기 편하고 위생적인
스테인리스스틸 소재가 인기있다.

도 마

과거 한국에선 통나무를 잘라 만든 도마를 주로 썼지만
지금은 플라스틱이나 실리콘 도마도 많다.
육류용, 생선용, 채소용으로 나누기도 한다.

미 니 절 구

과거 곡식을 빻거나 찧을 때 사용하던 절구의 축소판.
지금은 마늘을 빻거나 볶은 통깨를 빻아 깨소금 만들 때
주로 사용한다.

대 나 무 채 반

대나무 껍질을 엮어서 만든 그릇. 주로 전이나 빈대떡을
담는 용도로 사용한다. 나물을 넣어 말릴 때,
채소의 물기를 뺄 때도 유용하다.

압력 밥솥

수분 증발을 최대한 막아 차진 밥을 만들어준다.
갈비찜, 백숙처럼 시간이 많이 걸리는
요리에도 유용하다.

석 쇠

양념에 잰 고기나 생선, 참기름·들기름을 발라
소금을 솔솔 뿌린 김, 매콤한 양념을 바른
더덕 등을 구울 때 주로 사용한다.

돌 솥

열이 골고루 전달되고 내용물이 쉽게 식지 않아
밥 지을 때, 찌개 끓일 때 쓴다. 일부러 밥을 눌려
누룽지, 숭늉을 만들기도 한다.

편 수 냄 비

크기가 작고 손잡이가 길어 옮길 때 편리하다.
빨리 끓여내는 국물 요리나 조림 요리를 할 때,
라면을 끓일 때 많이 사용한다.

양 수 냄 비

바닥이 넓고 깊어 한 번에 많은 양을 끓여야 하는
국이나 탕 같은 요리를 할 때 편리하다.
최근엔 열전도율이 높은 스테인리스스틸 냄비나
무쇠 주물 냄비가 인기 좋다.

프 라 이 팬

과거에는 무쇠로 만든 솥뚜껑이나 번철燔鐵을
장작불 위에 걸고 지짐, 부침, 볶음 요리 등을
해 먹었다. 지금은 눌어붙지 않도록 바닥을 코팅
처리한 스테인리스스틸 프라이팬을 주로 쓴다.

무기교의 기교, 한식 그릇

글·이내옥(미술사학자)

부엌은 음식을 만드는 공간이다. 그곳에서 밥을 짓고, 국을 끓이며, 반찬을 만든다. 추우면 추운 대로, 더우면 더운 대로 부엌 주인인 어머니들의 가족을 먹여 살리기 위한 수고는 이루 말할 수 없었다. 그래서 우리의 부엌은 그리운 어머니의 상징이기도 하다.

부엌은 또한 불을 피우는 공간이다. 역사적으로 집에서 불을 피우는 곳은 항상 가장 중요한 곳이었다. 신석기시대에는 둥그런 움집 중앙에서 불을 피우고 음식을 조리했다. 청동기시대에는 중앙의 불이 난방용이고, 가장자리에 별도의 부엌 공간을 두었다. 조선 시대에도 집 안에서 불을 중요시했다. 집안의 여성들은 항상 불이 꺼지지 않게 불씨를 잘 간직해야 했다. 불씨를 꺼뜨린 며느리가 쫓겨나는 경우도 있었다. 불이 음식을 만들고 음식으로 생명을 부지하기에 그랬을 것이다. 부엌에서는 불을 피우는 아궁이가 중심이었다. 아궁이 위에는 솥을 걸어둔 부뚜막이 있고, 그 옆이나 뒤에 부엌세간을 두는 찬장이나 살강이 있었다.

사찰의 부엌은 수행의 공간이기에 정갈하고 높은 정신성이 배어 있다. 오랜 전통을 이어오는 사찰의 공양간은 가슴 뭉클한 감동을 준다. 그중 비구니 사찰인 팔공산 백흥암의 공양간이 특히 그렇다. 넓은 공양간의 부뚜막과 바닥은 깔끔하고, 솥과 아궁이 연기에 그을린 검은 벽은 반질반질 윤이 난다. 이곳에서 만드는 음식은 쌀을 제외하고 모두 텃밭에서 자급자족하는 재료를 사용한다. 인공 조미료와 상업적 맛에 길든 사람들에게 이곳의 음식은 강한 충격을 안긴다. 아름다운 전통을 상실한 우리의 모습을 되돌아보게 한다.

부엌살림을 꾸리는 세간은 종류와 수량이 안방이나 사랑방에 비해 가장 많았다. 그중에서도 음식 운반 용도 또는 밥상으로도 사용하는 소반小盤은 특히 중요했다. 소반은 소박하고 단순하며 건실하다. 한마디로 평범한 소목 가구다. 20세기 초, 이런 소반을 처음 접한 몇몇 일본 미학자는 그 아름다움에 감탄했다. 그들의 표현대로 '경악'하고 말았다. 소반에 담긴 조선 사대부의 미의식과 그것을 만든 장인의 이른바 '무기교의 기교'를 알아챈 것이다.

식기는 부엌세간 중에서도 가장 중요하다. 조선 시대에는 단오부터 추석 무렵까지 백자를, 추석부터 이듬해 단오 무렵까지 유기를 주로 사용했다. 백자는 고급 식기였는데, 조선 후기에는 서민 집에서도 널리 사용했다. 색 중에서 가장 화려하다는 하얀색에 부드럽고 풍만한 곡선이 어우러진 백자의 아름다움에는 가볍게 넘볼 수 없는 기품이 서려 있다. 조선 후기로 갈수록 고급 안료인 회회청回回靑으로 간략한 무늬를 넣은 청화백자가 대세를 이루면서 멋스러움을 더했다.

본래 백자는 중국에서 비롯했다. 세종 임금은 중국 백자를 능가하기 위해 강력한 장려 정책을 폈고, 그 결과 조선백자의 비약적 발전이 이뤄졌다. 거기에 조선 사대부의 온유돈후溫柔敦厚한 중용의 미감이 반영되어 조선 특유의 아름다움을 형성했다. 온유돈후는 '따뜻하고 부드럽고 깊고 도탑다'는 뜻으로, 양극단을 초월한 경지를 말한다. 그것은 꾸밈 너머의 꾸밈이며, 극도의 세련된 것 너머에 존재하는 평범이다. 의식적 아름다움을 초월한 것이기에 자연스럽다. 그래서 담백 무심하다. 서양 미학에서 말하는 우아미의 극치라 할 수 있다.

조선 도자기 장인의 신분은 세습되었다. 그들은 어릴 때부터 흙을 빚고 물레를 돌려 도자기를 만들었다. 고도의 숙련을 거친 셈이다. 그런 기술을 바탕으로 지배 계층이던 사대부의 정신적 미감에 어울리는 백자를 만들어낸 것이다. 손이 굳을 대로 굳은 성년이 되어 도자기를 만들기 시작하는 현대 작가가 조선 시대 장인의 무심한 기술을 따라잡을 수 없는 이유도 여기에 있다. 일본에도 시대 장인도 조선 도자기를 모방했지만 어설프기는 마찬가지였다. 조선 자기의 자연스러움과는 거리가 먼 인위적인 것이었다.

20세기 일본을 대표하는 미학자 야나기 무네요시(柳宗悅)는 조선의 자기와 목가구를 세계 최고라고 열광하면서, "어찌 이리 평범하단 말인가!"라고 말했다. 조선 막사발이 중국 천목 다완을 넘어 일본 다기의 최고 자리에 오른 것도 그런 연유다. 일본 다도의 성인으로 추앙받는 센노 리큐(千利休)는 조선 자기에서 그런 아름다움을 발견한 인물이다. 승려이던 그는 아마도 조선 자기에서 슬픔과 기쁨 너머의 담백한 평범함을 발견했을 것이다. 우리에게는 너무 익숙하기에 놓치고 있는 것인지도 모른다.

백
자
白
磁

달형 볼, 물잔, 장형 볼, 원형 접시, 원형 볼, 통형 접시, 날개형 합,
사각 볼, 정사각 접시, 직사각 접시, 원형 평접시, 연잎 접시, 장형 접시,
평사발, 조개형 접시, 참외형 접시, 참외형 볼, 연잎 굽접시….
조선 왕실에 진상하는 도자기를 굽던 광주 관요의 전통과 장인 정신을
이어받아 1963년에 설립한 브랜드 광주요의 '월백月白' 라인.
요즘 기본 상차림에 필요한 다양한 디자인과 크기의 백자를 만날 수
있다. 월백 라인은 반광택 유약을 사용해 은은하고 깊이 있는 흰 빛깔,
자연스러운 흰색을 표현한 유백자다.
문의·광주요 www.ekwangjuyo.com

유 기
鍮 器

유기는 구리에 주석을 합금한 청동 또는 아연을
합금한 황동으로 만든 그릇으로 놋그릇이라고도
한다. 그 기원이 청동기시대로 거슬러 올라갈
정도로 오래된 한민족의 그릇으로, 중국에서는
'신라동新羅銅'이라 일컬을 정도로 널리 알려졌다.
유기 주전자와 식기류, 구절판, 주전자 등은 모두
놋담 판매. 수저는 스타일리스트 소장품.
문의·놋담 02-540-6266, www.notdam.com

목기木器

3단 합 형태의 도시락 2종은 양병용 작가 작품으로 조은숙갤러리 판매.
3단 합 아래 놓인 소반과 앞쪽 나무 볼 역시 양병용 작가 작품으로 직접 판매.
나머지 모든 목기는 스타일리스트 소장품.
문의·양병용 작가 www.instagram.com/bangim.craft
조은숙갤러리 02-541-8484, www.choeunsookgallery.com

왼쪽부터
도예가 이인진의 옹기 컵,
'판스튜디오' 김승용의 소반,
담화헌 강승철의 제주 옹기 그릇,
옹기 작가 김경찬의 제주 옹기 화병,
도예가 이인진의 옹기 잔,
김경찬의 제주 옹기 화병,
소SOH의 제주 옹기 머그잔,
옹기밭 전실희의 주병,
그 밑을 받친 것은 김경찬의 제주 옹기 트레이,
그 옆은 김경찬의 제주 옹기 화병,
담화헌 강승철의 제주 옹기 미니 화병과 큰 볼,
도예가 이인진의 옹기 함.
문의 · 김경찬 thechan83n@naver.com
담화헌 www.제주옹기.com
이인진 02-549-7575(박여숙화랑 수수덤덤)
소 sohstyle.kr
옹기밭 jigusaram@gmail.com
판스튜디오 ceramistksy@naver.com

한식 상床에 담긴
봉건 윤리와 민주주의

글·이어령(초대 문화부 장관, 문학평론가)

• 이 글은 <우리 문화박물지>(이어령
지음, 디자인하우스) 142~145쪽
'상_억제와 해방의 미각'을 재수록한
것임을 밝힌다.

'의령남씨전가경완도
선묘조제재경수연도' 중 일부.
재신들이 노부모를 위해 삼청동 관아에서
연 경수연慶壽宴을 그린 그림으로, 다섯
폭 그림 가운데 두 번째 그림인 잔칫집의
야외 부엌 장면이다. 독상 차림, 상형태나
고임새 등이 고스란히 드러난다.
고려대학교 박물관 소장.

중국 사람만 해도 서양과 다름없이 식탁에서 식사를 한다. 바닥에 앉아서 상을 차려놓고 음식을 먹는 것은 한국인과 일본인뿐이라고 한다. 16세기 말엽 일본에 왔던 선교사 루이스 프로이스는 일본과 서양의 문화를 비교하는 글에서 "우리의 식탁은 음식을 차리기 전부터 놓여 있지만, 그들(일본인)의 식탁은 음식을 차린 뒤 부엌에서 가지고 나온다"라고 적고 있다. 뻔한 말 같지만 상과 식탁의 본질을 정확하게 꿰뚫은 지적이다.

서양의 식탁은 식사를 할 때나 하지 않을 때나 식탁 그 자체로 존재한다. 그러니 한국의 상은 먹을 때에만 나타나고 다 먹고 나면 빈 그릇처럼 비어서 물러간다. 이불, 요처럼 상은 일정한 공간 속에 놓여 있는 것이 아니라, 공간 그 자체를 만들어내는 역할을 한다. 이불을 펴면 침실이 되듯이 상을 들여오면 식당이 된다.

그뿐만 아니다. 상의 종류에 따라 가족이나 사회 성원의 계층과 그 성격이 형성된다. 독상을 받는 사람은 그 집안에서 가장 높은 사람이고, 겸상을 하는 사람은 약간의 평등성을 띤 수평적 관계의 그룹이다. 그리고 상을 물린 다음 그것을 받아 먹는 2차 집단은 신분이 가장 낮은 사람으로 아녀자와 하인이다. 여럿이서 둘러앉아 함께 식사하는 식탁에서 민주주의가 생겨났다면, 따로따로 나뉜 밥상에서는 봉건주의의 신분 사회가 형성되었다고 할 수 있다.

그러나 다른 시각에서 관찰하면 밥상은 봉건사회에서는 봉건사회대로의 윤리를, 그리고 민주주의 시대에서는 민주주의적 평등성과 자율성을 나타내는 훈련 공간이라는 것을 알 수 있다. 가령 윗사람들은 혼자 독식을 하지 않고 상을 물려받을 사람을 위해 음식을 남기는 극기 훈련을 한다. 생선 토막을 뒤집지 않는 것이 양반의 식사 예법 가운데 하나다. 다른 쪽에 붙어 있는 생선을 상 물림한 사람들이 먹도록 하기 위해서다. 밥상은 이처럼 봉건 윤리가 민주적인 트레이닝을 할 수 있는 기회를 제공한다.

무엇보다도 서양의 식탁은 하나라 할지라도 막상 먹는 음식 접시는 각자

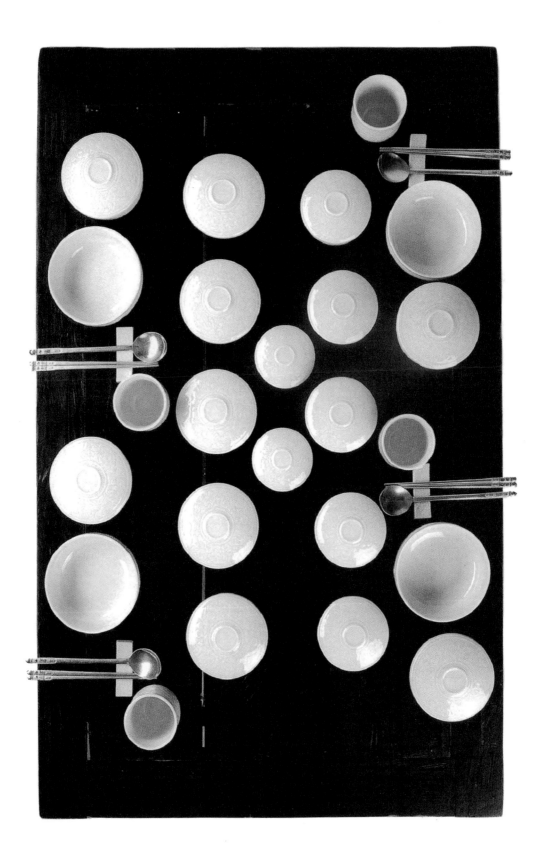

의 것으로 나뉘어 있다. 그러나 한국의 겸상은 모든 반찬을 동시에 차려놓고 여럿이서 함께 먹는다. 서로 양보하고 상대방과 협력하지 않으면 절대로 그 식사는 불가능해진다. 그래서 밥상을 받을 때마다 서로 억제하고 양보하면서 함께 같은 음식을 공평하게 나누어 먹는 민주적인 훈련을 쌓게 된다.

특히 서양의 음식은 전식, 본식, 후식으로 나뉘어 있어서 서론, 본론, 결론처럼 순서가 짜여 있는 논문을 쓰듯이 식사 코스가 진행되지만, 한국의 상은 한꺼번에 차려놓고 자기 취향대로 그 순서를 선택한다. 자율적 선택성이 어느 식탁보다 자유롭게 되어 있다. 십첩반상의 현란한 음식 위를 젓가락이 왕래하는 순서는 룰렛 판을 굴러가는 구슬처럼 예측 불가능하다. 꽃을 찾아다니는 나비와도 같이 자유분방하다. 정해진 코스 없이 각자가 자기 뜻대로 음식을 골라 먹을 수 있는 것이 한국 상의 특성이므로 음식 맛보다는 상다리가 휘도록 음식을 많이 차려 그 선택의 폭을 최대한으로 늘려주어야만 한다. 먹지 않는 음식까지 차려놓아 자기 식성껏 골라 먹도록 하는 것, 이것이 개인의 자유를 살린 다양성이기도 하다.

밥상은 봉건사회에서는 봉건사회대로의 윤리를,
그리고 민주주의 시대에서는 민주주의적 평등성과 자율성을
나타내는 훈련 공간이라는 것을 알 수 있다.
가령 윗사람들은 혼자 독식을 하지 않고 상을 물려받을
사람을 위해 음식을 남기는 극기 훈련을 한다.
밥상은 이처럼 봉건 윤리가 민주적인 트레이닝을 할 수 있는
기회를 제공한다.

움직이는 1인용 식탁, 소반

전통 공예의 맥을 이으면서 현대와의 접점을 찾아가는 목공예가 양병용의 원반과 나주반.

한국인의 밥상은 곧 반상이고, 반상은 대개 독상이었다. 조선 시대에 1인용 밥상인 소반을 널리 사용한 이유다. 소반은 1인용 밥상 기능뿐 아니라 쟁반 기능도 겸했기에 여성이 들기 편하고 가벼운 소재를 사용했다. 또 국물이 많은 한국 음식의 특성상 물과 접촉하는 횟수가 많아 습기에 강하고 뒤틀림이 적은 은행나무나 소나무, 느티나무 등으로 만들었다. 상판과 다리 부분을 투명한 옻칠, 흑칠, 주칠로 마감해 광택과 방수 기능을 더한 것도 이런 이유 때문이다.

소반은 생산지에 따라 생김새와 특징이 다르다. 나주식 소반인 나주반은 소박하면서도 간결한 느낌이 강하며, 다리 부분은 원통형이나 호랑이·개·말 등 동물 다리 모양을 띤다. 이에 비해 통영식 소반인 통영반은 상판 아래의 네 다리를 두 번에 걸쳐 연결해 한층 안정감 있고 탄탄한 모양새를 유지한다. 특히 통영은 나전칠기로 유명한 지역이라 칠 마감이 세심하며, 십장생이나 복福 자 등의 문양을 자개로 새겨 넣은 자개반이 많은 사랑을 받았다.

소반은 상판과 다리 모양에 따라 부르는 이름도 제각각이다. 팔각반八角盤은 상판과 다리 부분을 팔각형으로 만든 소반이고, 연엽반蓮葉盤은 상판 모서리 부분을 연꽃 모양으로 마무리한 소반이다. '개다리소반'이라고도 부르는 구족반狗足盤은 다리 모양이 개 다리처럼 안쪽으로 구부러진 게 특징이다. 주로 충주 지방에서 많이 생산해 '충주반'이라고도 불렀다. 이에 비해 상다리가 호랑이 다리 모양을 닮은 호족반虎足盤은 곡선과 조각 장식을 많이 사용해 화려하며, 궁중 수라상이나 상류층의 의례용으로 쓰였다. 그 밖에 소반은 약사발을 나르는 데 쓴 약반藥盤, 먼 거리를 운반하는 데 쓴 번상番床 등 용도에 따라서도 크기나 모양, 명칭이 다르다.

시간이 지나면서 소반의 쓰임새가 조금씩 달라지는 추세다. 밥 먹고 차 마시는 용도에서 좌식용 탁자나 책상, 인테리어 소품 등으로 바뀌어가는 것. 특히 질 좋은 나무의 결을 그대로 살리거나 다양한 색을 칠해 미니멀한 느낌을 살린 현대식 소반은 공간을 돋보이게 만드는 오브제 역할도 한다.

호족반

구족반

향상

공고상

원반

나주반

해주반   통영반

호족반…다리가 호랑이 다리같이 생겼다 하여 붙은 이름이다. 다리가 높지 않은 것은 식사용, 다리가 높은 것은 예식용이다.

구족반…다리가 개 다리같이 생겼다 하여 개다리소반 또는 구족반이라 부른다. 조선 시대 교자상이나 장롱 다리 부분에도 구족반 형식이 보인다.

향상…주로 제례 때 쓰던 상으로 그 위에 향로나 향합을 올려놓았다. 천판 아래로 곧은 다리를 두고 서랍을 달아둔 형태가 일반적이다.

공고상…관아에서 음식을 나를 때 쓰던 상으로, 앞뒤가 뚫려 있어 머리에 이고 나르기 좋은 형태다. 양옆으로 서랍이 달려 수저를 넣는 경우도 있었다.

원반…강원도에서 많이 만들었는데, 상판과 다리를 한 통의 나무로 만든 것, 따로 제작해 붙인 것 등이 있다. 높이가 낮은 원반은 뒤집어 절구로 쓰기도 했다.

나주반…나주 명산품으로 잡다한 장식이 없으며 투명 옻칠을 사용한다. 변죽과 천판을 맞물린 점, 천판 아래 기둥을 운각에 끼운 점 등이 통영반과의 차이점이다.

해주반…네 기둥의 다리를 갖춘 통영반, 나주반과 달리 2개의 판각을 붙였다. 판각에 운문, 만자문 등 장식을 더해 고려 시대의 화려한 분위기가 풍긴다.

통영반…테두리 부분인 변죽과 천판을 한 판으로 제작한 것이 나주반과의 가장 큰 차이점이다. 나전 장식이 발달한 지역이라 장식적이고 화려한 소반도 많았다.

호족반과 나주반은 국립중앙박물관 소장, 나머지는 모두 국립민속박물관 소장.

왼쪽부터 오동나무 주칠 풍혈반은 나은크라프트 판매.
앞쪽 네모난 나주반과 붉은빛의 화형花形 마족반은
양병용 작가 작품으로 반김크라프트 판매.
플라스틱 소재의 투명 호족반은 하지훈 작가 작품으로 솔루나리빙 판매.
옻칠한 호두나무 소반에 3D 프린터로 제작한 받침을 결합한
'D-STOOL' 'D-SOBAN'은 류종대 작가 작품.
금속 소재에 옻칠 마감한 소반은 허명욱 작가 작품으로 조은숙갤러리 판매.
갓끈 장식을 더한 양반 소반은 이정훈 작가 작품으로 이도갤러리에서 판매.
문의·나은크라프트 02-779-2259, www.nauncraft.com
류종대 작가 www.ryujongdae.com
반김크라프트 031-944-0776, www.instagram.com/bangim.craft
솔루나리빙 02-736-3618, www.solunaliving.co.kr
이도갤러리 070-4423-3635, www.yidomall.com,
이정훈 작가 @leejunghoon_igi
조은숙갤러리 02-541-8484, www.choeunsookgallery.com

한국인의
밥상

손님 초대상

조은숙갤러리 조은숙 대표와 지인

조은숙갤러리는 한국적이면서 동시에 현대적인 작품을 소개하는 공간이다. 패션 디자이너로 시작해 공간 디자이너를 거친 조은숙 대표는 <즐거운 부엌, 나누는 밥상, 맛있는 인생>이라는 책을 낼 정도로 음식에 대한 조예가 깊다. 특히 매번 갤러리 전시 오프닝에 직접 음식을 만들어 대접할 만큼 손님 초대 요리에는 정평이 나 있다. "이런 생각을 늘 해요. 한국 사람에게 음식은 단순히 먹는 것 이상의 개념이잖아요? '우리, 밥 한번 먹자'라는 말 속에는 상대에 대한 관심이 담긴 거니까, 쓸데없이 공수표 날리는 일은 없어야겠다, 이왕 초대할 거면 제대로 잘 준비하자, 그런 생각요."

조은숙 대표가 말하는 '제대로 잘'의 핵심에는 손님에 대한 배려가 숨어 있다. 초대 손님과 일정이 확정되면 손님의 취향을 고려해 신중하게 메뉴를 짜고, 웰컴 드링크와 후식은 어떤 걸로 할지 세심하게 고민하는 것. 특히 한식의 경우에는 준비할 게 더 많다. 손님이 올 시점에 맞춰 김치부터 담가야 하기 때문이다. "한식에 김치가 빠질 순 없으니까, 미리 준비하는 편이에요. 특히 보쌈김치 같은 건 재료도 많고 손이 많이 가는 음식이라 신경이 쓰일 수밖에 없죠. 하지만 맛이 잘 들었을 때 대접하고 싶다는 생각에 힘든 줄 모르고 하게 돼요."

메인 디시 역시 정성이 담뿍 담긴 메뉴로 선택한다. 잔칫상의 단골 메뉴로 손꼽히지만 오랜 시간 푹 끓인 후 굳혀야 해서 만들기가 쉽지 않은 쇠족편이 대표적 예다. 후식 메뉴도 오래 공들여야 맛이 나는 도라지정과, 질 좋은 곶감에 호두를 넣고 일일이 손으로 말아서 만든 곶감호두말이 등을 직접 준비하곤 한다. "테이블 세팅도 신경을 쓰는 편이에요. 음식은 눈으로도 입으로도 먹는 거니까요. 술이나 음료도 음식에 어울리는 걸로 준비하고요. 특히 손님 초대상을 차릴 땐 웰컴 드링크를 놓을 테이블을 따로 준비해요. 손님이 늘 한꺼번에 오는 건 아니니까, 먼저 오는 이가 소외감을 느끼지 않도록 배려하는 거죠."

위 사진·뒷줄 오른쪽이 조은숙 대표.
갤러리를 운영하며 좋은 인연을 맺은
이들이 한자리에 모였다.
오른쪽 사진·후식 메뉴도 오래
공들인 도라지정과, 곶감호두말이
등을 올린다. 웰컴 드링크를 놓을
테이블은 따로 준비하는데, 먼저
오는 이까지 배려하는 마음이 이런
것에도 숨어 있다.

조은숙 대표가 손님상에 자주 올리는 음식들로 왼쪽부터 도라지오이무침,
애호박새우젓찜, 죽순볶음, 쇠족편, 두릅튀김, 어회, 전복찜가사리무침, 보쌈김치.

자녀가 있는 가족의 평일 저녁상

\<고단해도 집밥\> 저자, 인플루언서 홍여림 씨 가족

친환경 라이프스타일 뷰티 브랜드 '써머브리즈'의 이사 홍여림 씨는 최근 \<고단해도 집밥\>이라는 책을 발간해 화제를 모았다. 인스타그램 팔로워들로부터 좋은 반응을 얻은 자신만의 집밥 메뉴를 모아 책으로 발간한 것. 바쁜 와중에도 '오늘은 가족들에게 뭘 만들어 먹일까?'를 매일 고민하는 홍여림 씨의 요즘 가장 큰 관심거리는, 수험생인 딸 아나의 건강식 메뉴다. 각종 스트레스로 체력 관리가 쉽지 않은 수험생의 일상을 건강하게 보낼 수 있도록, 균형 잡힌 식단 마련에 애쓰고 있는 것. 더불어 시간 여유가 많지 않은 워킹 맘의 특성상, 재료를 미리 준비해두거나 간단하고 빠르게 요리할 수 있는 메뉴로 식단을 짜는 등 조리 시간을 단축하기 위한 노력도 아끼지 않고 있다.

"아무래도 딸이 고3이다 보니 남편보다는 딸 위주로 식단을 짜게 돼요. 갈비찜이나 장조림, 차돌솥밥 등 육식을 좋아하는 딸의 식성을 고려해 끼니마다 고기를 빠뜨리지 않고 있죠. 대신 영양 균형이 맞도록 샐러드나 채소를 함께 준비하는 편이에요. 두뇌 발달에 좋은 해조류와 전복 등의 조개류도 주기적으로 식탁에 올리고 있고요. 밥도 현미랑 섞어서 지어요. 딸아이와 남편의 건강을 위해 작은 것이라도 챙기려 애쓰는 거죠."

고등학교 3학년 딸을 위해 균형 잡힌 식단에 중점을 두는 홍여림 씨의 저녁 밥상.
전복솥밥, 바지락냉이된장찌개, 차돌박이와 영양부추무침, 오이소박이, 백김치,
총각김치 등을 차렸다. 매 끼니 고기를 넣되 샐러드나 채소를 곁들여 내려고 애쓴다.

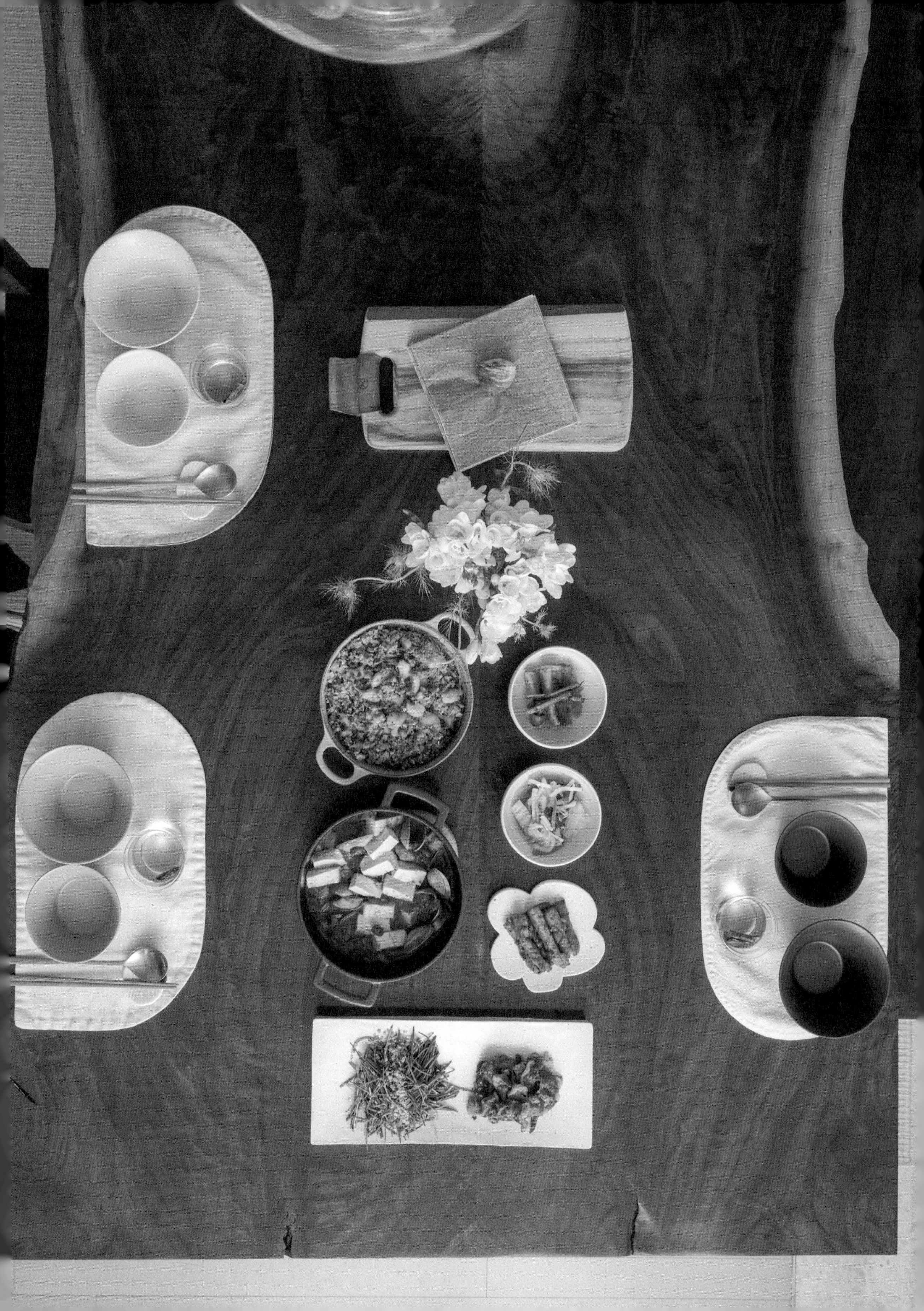

농부의 점심 밥상

푸드 크리에이터 '심방골 주부' 조성자 씨 모자

충남 부여에서 농사짓고 양봉 일을 하는 60대 주부 조성자 씨에겐 또 하나의 직업이 있다. 구독자가 48만 명을 넘는 유튜브 인기 채널 '심방골 주부'의 푸드 크리에이터로 활동 중인 것. 그는 건강한 식재료로 만든 소박하지만 맛깔스러운 밥상을 순식간에 차려 낸다.

2016년부터 막내아들 이강봉 씨와 조성자 씨가 함께 운영 중인 채널이 입소문을 탄 덕에, 2019년엔 JTBC <랜선라이프: 크리에이터가 사는 법>에 출연한 데 이어 <심방골 주부의 엄마손 집밥>이라는 책도 펴냈다. 조성자 씨가 차린 '농부의 점심상'이 특별한 건 주변에서 직접 채취한 두릅, 방풍나물, 표고버섯 등 건강한 제철 식재료로 차린 밥상이라는 것. 뿐만 아니다. 쌀과 콩, 들깨, 감자, 오이 등의 식재료도 직접 재배해서 먹는다.

"직접 농사지은 무농약 '메뚜기쌀'과 제철 농산물이 제가 차리는 밥상의 주재료예요. 두릅, 버섯 등 신선하고 풍미가 좋은 자연산 식재료도 많이 사용하고요. 간은 재료 본연의 맛을 느낄 수 있도록 가능한 한 심심하게 하는 편이에요. 나물을 무칠 땐 성인병 예방에 효과가 좋다는 들기름을 주로 사용하고요. 그래서인지 우리 집밥을 먹어본 사람들은 다들 맛도 좋고 속도 편하다고들 해요. 여기에 철마다 담가둔 깻잎장아찌, 김치 등을 곁들이면 언제 먹어도 맛있고 든든한 농부의 점심상이 완성되죠."

심방골 주부가 직접 키운 '메뚜기쌀'로 지은 밥, 두릅전, 방풍나물무침, 표고버섯볶음, 철마다 담그는 김치와 장아찌류, 된장찌개가 이들의 밥상에 주로 오른다. 나물을 무칠 땐 성인병 예방에 효과가 좋은 들기름을 주로 쓴다.

어르신 생신상

배화여자대학교 전통조리학과 김정은 교수 가족

요리 연구가이자 푸드 스타일리스트로 활동 중인 배화여자대학교 전통조리학과 김정은 교수는 다양한 한식을 정갈하게 재현해내는 것으로 유명하다. 그의 야무진 손끝을 거치면 어떤 식재료든 멋스러운 한식으로 거듭나는 것. "좋은 식재료를 사용하면 음식 맛이 좋을 수밖에 없어요. 특히 장류나 젓갈류 같은 기본 재료들을 신경 쓰는 편이죠. 질 좋은 미역에 잘 삭힌 까나리액젓만 더해도 맛깔나는 미역국을 완성할 수 있거든요." 특히 매 계절 지인들이 곳곳에서 공수해 보내주는 질 좋은 제철 식재료들은 그의 요리를 더욱 돋보이게 하는 요소다.

이렇게 좋은 식재료들은 친정어머니 생신상처럼 특별한 날을 기념하는 상차림에도 널리 활용된다. "흔히 딸은 엄마 솜씨를 닮는다고 하잖아요. 제 친정어머니도 음식 솜씨가 남다르셨어요. 못 만드는 음식이 없으셨죠. 그래서인지 어머니 생신상을 차릴 때면 은근히 긴장돼요. 메뉴 선정부터 재료, 음식의 담음새까지 하나하나 공들여 준비하죠."

그가 어머니 생신상에 절대 빠뜨리지 않는 단골 메뉴가 바로 전이다. 그중에서도 모양과 색감까지 고려한 오색전은 재료 본연의 맛을 잘 살린 담백한 맛이 일품. 질 좋은 고기를 양념에 재어 만든 채끝등심구이나 상큼한 소스로 맛을 낸 해물냉채 역시 생신상에 올리기엔 그만인 메뉴다. 여기에 갓 버무려낸 배추겉절이와 깊은 맛이 나는 쇠고기미역국을 더하면, 입맛 까다로운 어머니는 물론 남편과 아이들까지 모두가 만족하는 생신상이 완성된다.

"어머니에게 전수받은 레시피를 활용한 녹두전도 특별한 날 많이 준비하는 메뉴예요. 녹두에 메주콩 불린 걸 10:1 비율로 섞어서 곱게 갈아 반죽을 만들면 더 부드럽고 고소한 맛이 난다고 알려주셨죠. 잡채 만들 때도 간장, 설탕, 식용유를 섞은 물에 불리지 않은 당면을 넣고 물이 반으로 줄어들 때까지 삶으면 간도 잘 배고 붇지도 않아 더 감칠맛이 나요. 저만의 시크릿 레시피랍니다."

위 사진·어르신 생신상의 후식으로는 떡 케이크,
전통 방식으로 만든 정과류 등을 곁들인다.
왼쪽 사진·뒷줄에 선 김정은 교수와 남편, 앞줄
가운데에 자리한 김정은 교수의 친정어머니
그리고 자녀들.

많은 한국인의 생일상처럼 이 집에도 미역국과 전이 꼭 오른다.
쇠고기미역국, 해물냉채, 배추겉절이, 채끝등심구이,
오색전(낙지전·관자전·새우전·표고전·두릅전)가 단골 메뉴다.

아이가 있는 가족의 소풍 도시락

호호당 대표 양정은 씨 가족

서울 청운동에서 라이프스타일 숍 '좋은 일만 있으라고, 호호당'을 운영 중인 양정은 씨는 손끝이 맵차기로 유명하다. 요리면 요리, 디자인이면 디자인 못하는 게 없기 때문. 한때는 '맑은 물 길어 밥 짓는 곳, 정미소'라는 한식당의 오너 셰프로 비빔밥과 한국의 전통 요리를 새롭게 해석해 선보였고, 지금은 보자기를 필두로 한 한국의 생활 소품을 디자인해 친환경적인 포장법과 함께 소개하고 있다. 이 같은 이력을 살려 책도 냈다. <사는 동안 좋은 일만 있으라고: 호호당 보자기 이야기> <호호당의 선물 요리> 이렇게 두 권이다. 둘 다 호호당만의 한국적 감성을 담은 책으로 좋은 반응을 얻고 있다.

"요즘 제 유일한 취미가 요리예요. 특히 여섯 살 난 아들 태리의 먹거리에 신경을 많이 쓰고 있죠. 뛰어다니며 노는 걸 좋아하는 아이를 위해 피크닉도 자주 다니는 편이에요. 그럴 때면 아이가 잘 먹는 음식 위주로 도시락을 싸는데, 선호하는 메뉴는 한입에 먹을 수 있는 주먹밥 종류예요. 고기를 얹어 만든 고기 초밥에 개운한 명이쌈밥을 곁들이는 식이죠. 반찬도 문어 소시지, 명란달걀말이 같은 아이가 좋아하는 것들로 준비하고요. 디저트도 꼭 챙겨요. 과일과 과자, 요구르트를 유리병에 켜켜이 쌓아 만든 요구르트 병 디저트는 간편하고 건강에도 좋거든요."

숙명여자대학교 문화예술대학원에서 전통식생활문화 전공을 마친 사람답게 매운 손끝으로 준비한 피크닉 도시락. 갈빗살구이를 넣은 고기초밥, 직접 담근 명이장아찌로 만든 명이쌈밥이 주 메뉴다. 여기에 문어 소시지, 명란달걀말이, 브로콜리 무침, 마늘종멸치볶음, 볶음김치를 더하고 요구르트 병 디저트를 곁들인다.

혼밥족이 가정간편식으로 차린 저녁

잡지 편집장 여하연 씨

여행 잡지 <모닝캄>의 편집장 여하연 씨는 고양이 두 마리와 함께 사는 싱글 '혼밥족'이다. 2013년 <같이 밥 먹을래?>라는 책을 내기도 했던 그는 에디터로서 바쁘고 정신없는 일상 중에도 틈나는 대로 요리를 즐긴다. 평소엔 볶음밥이나 비빔밥 같은 한 그릇 음식을 주로 해먹지만, 가끔은 제대로 차린 만찬을 준비하기도 한다. 이럴 땐 간편하게 냄비에 부어 끓이기만 하면 되는 가정간편식(HMR) 국이나 찌개를 적극 활용한다. 그중에서도 퇴근하고 와서 지치고 배고플 때 간단하게 해 먹기 좋은 즉석국과 즉석찌개는 그가 특히 선호하는 음식. 뜨끈한 즉석밥과 인근 반찬 가게에서 산 밑반찬을 더하면 금세 든든한 집밥 한 끼가 완성된다.

"좀 제대로 먹어야겠다 싶을 땐 명란솥밥이나 차돌박이 토마토 샐러드, 매생이전 같은 손이 많이 가는 음식에 간편하고 맛 좋은 HMR 메뉴를 곁들여요. 요리 시간을 줄이면서도 더 풍성한 식탁을 연출할 수 있거든요. 간장찜닭이나 우렁된장국 같은 메뉴가 대표적이죠. 그 자체로도 맛있지만 간장찜닭에 당면을 더하거나, 우렁된장국에 두부를 넣는 정도의 변화만으로도 맛이 확 살아나고요. 게다가 잘 차린 저녁상을 보면 스스로를 존중하는 느낌이 들어 좋아요. '소확행'이 따로 없죠."

지치고 배고플 때 뚝딱 차리기 좋은 가정간편식을 선호하는데 간장찜닭, 우렁된장국 등은 데우기만 해도 든든한 한 끼 밥상을 만들어주는 효자 제품. 좀 제대로 먹고 싶거나 간단히 손님상을 차릴 땐 명란솥밥, 차돌박이 토마토 샐러드, 매생이전 등을 곁들인다. 김치류는 주로 동네 반찬 가게에서 구입해 먹는다.

3대 가족의 주말 밥상

'안정현의 솜씨와 정성' 안정현 대표 가족

전통 혼례 음식 전문점 '안정현의 솜씨와 정성'을 이끌고 있는 안정현 대표는, 지난 2015년까지 약 10년 동안 서울 강남에서 고품격 한식 레스토랑 '우리가 즐기는 음식 예술'을 운영한 바 있는 우리 음식 연구가. 두 번의 한·아세안 정상 오찬과 세계 각국 VIP 초청 행사에서 한식의 정갈한 맛과 품격 높은 테이블 세팅을 선보인 그는 2019년 경기도 여주로 주거지를 옮겼다. 번잡한 도시를 떠나 산 좋고 물 맑은 곳에서 우리 한식을 널리 알릴 여러 아이디어를 구상하기 위해서다. 그 첫 번째는 풍부한 영양과 쫄깃한 식감이 일품인 '안정현의 솜씨와 정성'의 떡을 그 맛 그대로 냉동 보존하는 것, 두 번째는 집에서도 한식 레스토랑의 맛과 품격을 느낄 수 있는 다양한 반찬과 요리를 연구·개발하는 것이다. "저는 집에서 혼자 먹을 때도 대충 먹는 법이 없어요. 좋은 식재료를 선별하고 영양을 생각해 반찬 가짓수도 다양하게 준비하죠. 음식을 담을 때도 어울리는 그릇에 단정하고 예쁘게 담아내고요. 한식은 갖가지 재료와 식감, 맛이 한데 어울려 그 속에서 오묘한 조화를 만들어내는 음식이잖아요? 가정에서도 그 조화로운 맛을 느낄 수 있도록 하고 싶었어요."

여주로 터전을 옮긴 후, 안정현 대표의 주말 가족 모임도 빈번해졌다. 서울에 사는 두 아들이 가족과 함께 어머니를 찾는 일이 늘어나서다. 그때마다 안정현 대표는 세계 각국 정상을 매료시킨 남다른 손맛으로 아들 내외와 손자·손녀가 좋아할 만한 음식을 정성껏 차려 낸다. 모두의 입맛과 취향을 고려한 '엄마표 밥상'이다. "가능한 한 신선한 제철 식재료와 도정한 지 얼마 안 된 질 좋은 쌀을 사용하는 편이에요. 특히 다들 좋아하는 전 요리는 빼놓지 않아요. 봄엔 쑥전·냉이전, 가을엔 배추전 등 채소를 사용한 전을 즐겨 하죠. 갈비찜도 상에 자주 올리는 메뉴 중 하나예요. 불 조절이 관건이라 신경이 많이 쓰이는 음식이지만, 아이들이 맛있게 먹는 모습을 보면 힘들던 게 싹 사라지거든요."

왼쪽 사진·앞줄 가운데 앉은 사람이 안정현 대표.
안 대표 옆과 뒤는 첫째 아들 가족.
뒷줄 왼쪽 두 사람은 둘째 아들 내외.
위 사진·혼례, 선물 음식 전문 브랜드 '솜씨와
정성'의 안정현 대표는 음식에서 가장 중요한
가치가 '솜씨'와 '정성'이라고 생각한다. 이는
가족들의 밥상을 차릴 때도 그대로 드러난다.
간장게장, 전골, 회, 갈비찜이 한 끼에 오르는 것은
예사로운 일이다.

3대 가족의 주말 밥상

고품격 한식 레스토랑을 운영한 요리 연구가답게 주말 밥상도 정성이 가득하다.
채소산적, 전을 넣어 끓인 전골, 갈비찜, 회, 직접 담근 간장게장, 가래떡 샐러드까지
가족의 한 주일 피로를 풀어줄 '엄마표 밥상'이다.

채식주의자의 저녁

파버카스텔 한국 지사 이봉기 대표의 밥상

세계에서 가장 오래된 필기구 제조업체 파버카스텔 한국 지사의 이봉기 대표. 과거 위암 4기 판정을 받았던 그는 완치 후 건강을 위해 채식을 선택했다. 고기는 물론 해산물과 유제품까지도 절대 먹지 않는 엄격한 비건으로서의 삶을 13년째 고수 중인 것. 그의 세끼 식사는 언제나 건강하고 질 좋은 제철 식재료로 채워진다. 단, 자연 그대로의 향과 식감을 살릴 수 있도록 조리는 최소화한다. 산두릅을 살짝 데쳐 초고추장에 찍어 먹거나, 돌나물에 새콤달콤한 레몬 드레싱을 더하는 식이다.

"채식은 아주 심플한 음식, 자연에 가까운 음식입니다. 깔끔하고 담백한 맛이죠. 간이 강하고 해로운 음식보다는 내 몸에 좋은 건강한 음식을 가까이해야 한다고 생각합니다. 저는 채식으로 식습관을 바꾼 후 소식小食과 소식疏食을 즐기게 됐어요. 적게, 소박하게 먹는 거죠. 그리고 어딜 가든 지금 내가 먹는 음식에 뭐가 들어갔는지 확인합니다. 삶을 보다 주체적이고 적극적으로 살아가게 된 거예요."

암 투병 이후 엄격한 채식주의자의 길로 접어든 이봉기 대표의 저녁 밥상. 두부아욱된장국과 잡곡밥, 서리태콩조림, 감자꽈리고추조림, 돌나물 레몬 드레싱 무침, 오이물김치를 소박하게 차려, 적게 먹는다.

한국에 오래 산 외국인의 밥상

주예사 더스틴 웨사

한국에 정착한 지 16년째. 한국 역사를 배우러 왔다가 한국의 음식과 술에 매료됐다는 더스틴 웨사Dustin Wessa는 어딘지 모르게 낯이 익은 친숙한 이방인이다. 2019년 MBC의 파일럿 예능 프로그램 <신기루식당>에 등장, 직접 제조한 전통주를 선보인 데 이어, 2020년 6월에는 tvN의 예능 프로그램 <리틀빅 히어로: 더 챌린저>에서 전통주 소믈리에 '주예사酒藝士'로서 자신의 일상을 공개한 것. 실제로 이태원에 위치한 그의 집 안방에는 직접 빚은 맨드라미꽃 스피클링 찹쌀막걸리, 유자청주, 찰기장주, 증류식 소주 등 다양한 전통주가 담긴 항아리가 그득하다.

"한국 전통주는 재료가 아주 간단해요. 쌀과 누룩 그리고 물. 이 재료들을 어떻게 조합하고, 뭘 더하는지에 따라 새로운 맛의 술이 탄생하죠. 그게 너무 매력적이에요. 한국 음식도 마찬가지죠. 질경이, 황새냉이 같은 야생 풀도 삶아서 무치기만 하면 맛있는 나물 반찬이 되고 감이나 고추, 매실 등을 장 속에 묻어뒀다가 1~2년 후에 꺼내면 아삭한 식감이 살아 있는 장아찌가 되니까요. 그 매력에 빠져서 틈나는 대로 야생 풀을 공부하고, 철마다 장아찌를 담그고 있어요. 수시로 전국의 양조장을 찾아가 가양주 빚는 방법도 배우고요. 한식에 어울리는 다양한 전통주의 조합을 찾아가는 거죠."

장아찌부터 김치, 전통주까지 모두 직접 담가먹는, 한국 사람보다 더 한식에 정통한 더스틴 웨사의 밥상. 감장아찌, 라임 솔트를 뿌린 고추부각, 미역귀무침, 잡곡밥, 모시조개부춧국, 우렁강된장, 홍매실고추장아찌가 오늘의 메뉴다. 어머니가 물려주신 은 식기에 한국 음식을 담아내고, 직접 담근 맨드라미꽃막걸리, 소주, 유자청주 등을 곁들인다.

셰프의 정찬

한식 전문가 조희숙 셰프

한식 파인다이닝 레스토랑 '한식공간'을 이끌어온 조희숙 셰프. 그랜드 인터컨티넨탈 호텔, 신라호텔 등 국내 최정상급 호텔을 거치며 한식 파인다이닝의 초석을 닦은 그는 '2020년 아시아 최고의 여성 셰프'로 선정된 '한식의 대모'다. 조희숙 셰프가 '한식공간'에서 선보였던 요리는 전통의 맛과 조리법을 지키되 그 안에서 변화를 추구하는 '현대화한 한식'이 대부분이다. 40년 가까이 한식에만 매진해온 대가의 음식은 넘침도 모자람도 없다. "제철 식재료를 중심으로 메뉴를 구성하되, 한식 특유의 조리법을 활용하는 편입니다. 녹말이나 밀가루, 찹쌀가루 등 다양한 가루를 묻힌 후 데치거나 튀겨 재료의 맛과 식감을 높이고, 소스나 드레싱에 된장, 오미자청 등을 더하는 식으로요. 한식의 근간이 되는 발효 저장 음식과 시절식時節食을 새롭게 해석하는 거죠."

특히 그가 제안하는 한식 정찬 메뉴 중 식전에 제공하는 부각 바구니는 아삭한 식감과 짭조름한 감칠맛으로 유명하다. 이 외에도 전복, 한치 같은 해물에 가사리와 미역귀 같은 해초류를 더한 후 된장 드레싱을 얹어낸 해물·해초냉채나 도미살로 만든 만두피에 갖은 채소로 속을 채워 넣은 도미어만두, 양념한 고기와 제철 나물로 만든 전을 사슬 모양으로 엮어 부쳐낸 나물사슬적 등은 그의 노하우와 실험 정신이 담긴 메뉴들이다. 마지막 코스로 나오는 밥과 국, 다섯 가지 반찬으로 구성한 '진지상'은 한식 문화의 기반인 시식時食과 절식節食을 한데 담았다. 그 계절에만 맛볼 수 있는 음식인 시식과 24절기에 맞춰 먹는 음식인 절식이라는 문화적 바탕에서 발전한 제철 반찬과 저장식이 상에 오른다. "궁중 음식, 반가 음식, 사찰 음식 등 모든 분야를 막론하고 한식의 근간이 되는 저장 음식과 반찬은 격의 차이가 없이 동일합니다. 그래서 저도 어릴 적 바닷가에 살던 할머니 댁에서 맛본 해초류, 생선 젓갈을 지금도 즐겨 쓰지요."

*2021년 가을, 한식공간은 잠시 문을 닫고 변화를 모색 중이다.

한식 파인다이닝의 정수를 보여주는 상차림. 머위나물·땅두릅·민들레 등과 채끝등심을 꿰어 만든 나물사슬적, 순두부들깨죽, 해물·해초냉채, 단호박·감자·고구마·쑥 등에 멥쌀가루를 묻혀서 쪄낸 봄버무리, 도미살로 만두피를 만든 도미어만두, 해물 미나리적조림 등을 낸다. 여기에 밥과 국, 다섯 가지 반찬을 트레이에 조금씩 올린 '진지상'이 마지막 코스로 제공된다.

한국인의
찬장
속사정

위부터 시계 방향으로
분말 형태의 오뚜기 순후추 캔,
한국산 들깨를 저온에서 볶아 탄 맛
대신 들깨 본연의 맛과 영양을 긴직한
쿠엔즈버킷 들기름, 고추장 판매 1위를
고수하는 해찬들 매운 태양초 골드
고추장, 요리에 단맛과 윤기까지 더해주는
청정원 물엿, 본래 중국식 소스지만
요즘 한국의 가정식에도 많이 쓰는 백설
남해굴소스, 나물 반찬의 필수 양념인
청오 유기농 발아볶음참깨, 초절임이나
무침 요리에 꼭 들어가는 오뚜기
양조식초, 1970년에 출시해 맛소금의
대명사가 된 미원 맛소금, 저온 압착
방식으로 짠 쿠엔즈버킷 참기름,
한국산 콩과 채소 우린 물로 만든 액상
조미료인 샘표 연두.

위부터 시계 방향으로
냉채 요리에 빼놓을 수 없는 청정원 연겨자,
생와사비를 갈아 만든 피코크 생와사비,
무침과 찌개 등에 매콤한 풍미를 더하는
노브랜드 100% 국산 고춧가루,
일반 한식 간장 대비 염도가 약 10% 낮은
샘표 새미네부엌 국간장,
요리용 맛술의 대명사가 된 오뚜기 미향,
가정에서 담가 먹던 간장도 사 먹을 수 있다는
인식을 심어준 샘표 진간장 금F3,
김치뿐 아니라 국물 요리와 무침 요리에
두루 사용하는 청정원 까나리액젓, 맛과 향이
강하지 않아 볶음·부침·구이 등 다양한 요리에
적합한 폰타나 프렌치 포도씨유. 집에서 담근
된장 맛을 살린 해찬들 재래식 된장.

마트에서
만나는
종가 음식

기순도 전통장과 장아찌

전남 담양에 위치한 장흥 고씨 양진재 종가는 예로부터 장맛이 좋기로 유명했다. 특히 간장은 기순도 종부를 대한민국 식품명인 반열에 올려놓은 대표 내림 음식. 2018년 트럼프 대통령 내한 당시 청와대 국빈 만찬의 메뉴 중 하나이던 '360년 된 씨간장 소스로 구운 한우·갈비구이'의 씨간장 또한 양진재 종가의 것이다. 현재 기순도 전통장이라는 브랜드로 롯데·신세계·현대백화점에서 간장은 물론, 된장·고추장·장아찌 등을 판매 중이며, 2019년 8월에는 프랑스 최초의 백화점인 봉마르셰 백화점 식품관에도 신규 입점하는 등 해외에서도 각광받고 있다.

오희숙 전통부각

김·다시마 같은 해조류나 연근·감자 등의 채소에 찹쌀풀을 입혀 말렸다가 기름에 튀겨내는 부각은 예로부터 간식거리나 안주로 다과상, 주안상에 많이 오른 음식. 특히 300여 년 전통의 거창 파평 윤씨 사증思曾 종가 내림 비법으로 만든 오희숙 전통부각은 짭조름한 맛과 아삭한 식감으로 국내외에서 좋은 반응을 얻고 있다. 한 입에 먹기 편하고 건강에도 좋은 고급 스낵으로 자리매김한 것. 한국에서는 롯데·신세계·현대백화점을 비롯한 대형 마트에서 인기리에 판매 중이며 미국, 일본, 중국 등에도 수출하고 있다.

박순애 명인의 담양한과

담양 문화 유씨 지우사공파의 6대 종부이자 엿강정 식품명인 박순애의 담양한과는 물엿 대신 조청을 사용해 달지 않고 깊은 맛이 느껴지는 게 특징. 특히 담양한과의 고품격 브랜드 아루화는 자연에서 얻은 재료로 맛과 모양, 색감을 낸 건강한 음식이다. 시할머니로부터 전수한 전통 방식의 한과 제조법에 숱한 잔칫상과 제사상을 차려내며 터득한 자신만의 노하우를 접목해 보기에도 좋고, 맛도 좋은 명품 한과를 생산해내고 있다. 롯데·신세계백화점과 면세점 등에서 판매 중이며 해외에도 수출하고 있다.

국령애 볶음고추장

현대백화점에서 명인명촌名人名村 시리즈의 하나로 선보이고 있는 국령애 볶음고추장은 강진 해남 윤씨 가문의 내림 비법으로 만든 별미 수제 고추장이다. 한우·표고버섯·잔멸치·굴비 등의 재료를 잘게 다진 후 6개월 정도 숙성시킨 고추장에 전복 달인 물과 매실청 등을 넣고 볶아 만든다. 비빔밥이나 쌈밥에 곁들이면 맛이 일품이다.

김종희 5년 숙성 간장

충북 청원 문화 류씨 가문의 종부가 600년 전통 종가 비법으로 담근 김종희 5년 숙성 간장은 메주 빚기부터 장 담그기까지 전통 방식을 그대로 고수해 만든 수제 간장이다. 무쇠 가마솥에 참나무 장작불로 만든 메주를 황토방에서 발효시킨 후, 담근 지 100년 넘은 종가의 씨간장에 국산 천일염을 함께 넣어 5년간 숙성시켜 맛이 맑고 담백하다. 현대백화점에서 명인명촌 시리즈의 하나로 판매하고 있다.

한식을 경험하는 방법

서울 반가 음식을 맛보려거든

품 서울

오랜 기간 푸드 스타일리스트로 활동해온 노영희 오너 셰프의 한식 파인다이닝 레스토랑. 반가班家 음식을 현대적으로 재해석한 요리를 선보이고 있다. 제철 재료와 천연 양념만을 사용해 조리한 맛깔나면서도 건강한 음식이 특징이다. 2017년부터 4년 연속 <미쉐린 가이드 서울> 1스타에 선정됐다.
서울시 강남구 삼성로 126길 6, 보고재빌딩 6층
문의 02-777-9007, www.poornseoul.com

온지음

전통문화 연구소 온지음이 운영하는 식문화 연구소 겸 레스토랑으로, '맛공방'이라고도 부른다. '검이불루 화이불치檢而不陋 華而不侈(검소하되 누추하지 않게, 화려하지만 사치스럽지 않게)'라는 철학을 담은 제철 음식을 선보인다. 2020년 <미쉐린 가이드 서울> 1스타에 선정된 서촌의 대표 맛집이다.
서울시 종로구 효자로 49
문의 02-6952-0024, onjium.org

밍글스

'모던 한식의 대표 주자'로 손꼽히는 강민구 오너 셰프의 한식 파인다이닝 레스토랑. '섞다, 어우러지다'라는 뜻을 지닌 상호처럼, 전통 한식에 밍글스만의 맛과 멋을 더한 독창적 스타일의 한식을 선보인다. 까다롭게 선별한 제철 식재료만을 고집하며, 2019년부터 2년 연속 <미쉐린 가이드 서울> 2스타에 선정됐다.
서울시 강남구 도산대로67길 19
문의 02-515-7306
www.restaurant-mingles.com

권숙수

한식 특유의 반상 문화를 파인다이닝 코스로 선보이는 권우중 오너 셰프의 레스토랑. 직접 담근 전통 장과 젓갈, 매일 산지에서 공수해오는 진귀한 제철 식재료를 기반으로 하여 전통 한식을 현대적으로 재해석해 선보이고 있다. 2017년부터 4년 연속 <미쉐린 가이드 서울> 2스타에 선정됐으며, 전통주 페어링도 함께 제공한다.
서울시 강남구 압구정로80길 37
문의 02-542-6268, kwonsooksoo.com

궁중 음식을 경험하려면

지화자
조선왕조 궁중 음식 명예기능보유자 故 황혜성 선생이 1991년 문을 연 대한민국 최초의 궁중 음식 전문점. 궁중 수라상과 궁중 연회의 찬품을 재현한 다양한 요리로 궁중 음식의 진수를 선보인다. 2000년 남북정상회담 만찬 음식을 재현한 진어별만찬, MBC 드라마 <대장금> 속 음식을 재구성한 장금만찬 등이 대표 메뉴다.
서울시 종로구 자하문로 125
문의 02-2269-5834
www.jihwajafood.co.kr

석파랑
부암동 언덕에 자리한 한옥 레스토랑. 정갈하고 담백한 궁중 음식을 맛볼 수 있는 곳으로 유명하다. 최고급 정찬인 궁중수라를 비롯해 석파, 만세 등 다양한 코스 요리를 선보인다. 본채는 순정효황후 윤씨의 생가를, 별채는 흥선대원군의 별장 석파정을 옮겨온 것이며, 서울시 유형문화재 제23호로 지정돼 있다.
서울시 종로구 자하문로 309
문의 02-395-2500, seokparang.co.kr

봉래헌
메이필드 호텔 별관 1층에 자리한 한정식 레스토랑. 전통 한옥에서 임금님 수라상에 오르던 귀한 식재료로 맛을 낸 궁중 음식을 맛볼 수 있어 미식가들의 발길이 끊이지 않는다. 봉래, 풍악, 금강, 수라, 진연 등 다섯 가지 코스 메뉴와 제철 식재료를 사용한 계절별 정식을 선보인다.
서울시 강서구 방화대로 94
문의 02-2260-9020, www.mayfield.co.kr

사찰 음식을 제대로 즐기려면

백양사 사찰 음식 템플스테이
사찰 음식 전문가 정관스님과 함께하는 템플스테이. "대대로 전해주고 싶은 정관스님의 깨달음의 밥상"이라는 주제하에 1박 2일 동안 예불, 공양, 울력, 명상, 차담 등을 함께하며 사찰 음식의 세계를 다각도에서 체험하는 힐링 프로그램이다. 외국인 전용 프로그램도 운영 중이다.
전남 장성군 북하면 백양로 1239
문의 061-392-0434
baekyangsa.templestay.com

한국사찰음식문화체험관의 원데이 클래스
"Let's learn Korean temple food"라는 타이틀 아래 매주 토요일 오전 외국인을 대상으로 한 원데이 클래스를 운영하고 있다. 사찰 음식을 만들고 체험하는 프로그램이며 영어 통역으로 진행한다. 미리 예약하지 않으면 참여하기 어려울 정도로 인기가 높다.
서울시 종로구 율곡로 39 안국빌딩 신관 2층
문의 02-733-4650
edu.koreatemplefood.com

사찰 음식 레스토랑, 발우공양
조계종 한국불교문화사업단에서 직접 운영하는 사찰 음식 전문 레스토랑. 직접 담근 전통장과 제철 식재료를 활용해 계절별로 메뉴를 달리한다. 2017년부터 3년 연속 <미쉐린 가이드 서울> 1스타를 받은 공인된 맛집으로, 영어 메뉴판이 준비돼 있어 편리하다.
서울시 종로구 우정국로 56 템플스테이 통합정보센터 5층.
문의 02-733-2081, www.balwoo.or.kr

함께한
사람들

자문

이어령
이화여자대학교 국문학과 교수로
30여 년간 재직했으며, 중앙일보
상임고문, 월간 <문학사상> 주간,
한중일비교문화연구소 이사장을
역임했다. 시대를 꿰뚫는 날카로운
통찰력과 우리 문화에 대한 높은
안목으로 서울올림픽 개·폐회식 및
식전 문화 행사, 대전 엑스포
문화 행사 리사이클관을 기획했으며,
초대 문화부 장관을 지냈다.
대표 저서로는 <축소지향의 일본인>
<디지로그> <생명이 자본이다>
<지의 최전선> <너 어디에서 왔니: 한국인
이야기-탄생> 등이 있다.

요리 자문

조희숙
한식 본연의 맛과 한식의 매력을
전 세계에 알리는 데 앞장서고 있다.
세종호텔, 노보텔 앰배서더 호텔, 그랜드
인터컨티넨탈 호텔, 신라호텔 등의
한식당을 거쳐, 2005년 미국 워싱턴 주재
한국 대사관저의 총주방장을 맡았다.
한식 다이닝 레스토랑 '한식공간'의 오너
셰프로 일했다. '한식의 대모' '셰프들의
스승'이라 불리며, 2020년 아시아 50
베스트 레스토랑 어워드에서 '2020
아시아 최고의 여성 셰프'로 선정됐다.

글

한복려

한국 음식 문화를 보존하고 전승하는 데 큰 공을 세운 故 황혜성 교수의 장녀로, 국가무형문화재 제38호 조선왕조 궁중음식 기능보유자다. 궁중음식연구원 원장 겸 궁중음식문화재단 이사장으로 활동 중이며, 한국 전통 음식의 학문적 연구와 조리 기능 전수에 매진하고 있다. MBC 드라마 <대장금>에서 궁중 음식 자문과 제작을 맡아 전 세계에 한식을 알리는 데 기여했다. 저서로는 <조선왕조 궁중음식> <한국인의 장> <우리가 정말 알아야 할 우리 김치 백 가지> <다시 보고 배우는 산가요록> 등이 있다.

정혜경

호서대학교 식품영양학과 교수로 재직 중이며, 한국식생활문화학회 회장과 대한가정학회 회장을 역임했다. 한국 음식 문화의 역사와 과학성에 매료돼 30년 이상 한국의 밥과 장, 전통주 문화, 고조리서, 종가 음식 등을 연구해왔다. 또 한식의 과학화를 위해 김치 품질 측정기, 한방 맥주 등의 제품 특허를 취득하기도 했다. <천년 한식 견문록> <밥의 인문학> <채소의 인문학> <고기의 인문학> <조선 왕실의 밥상> 등의 저서가 있다.

정재숙

고려대학교에서 교육학과 철학, 성신여자대학교 대학원에서 미술사학을 공부했다. 서울경제신문과 한겨레신문을 거쳐 중앙일보의 논설위원 겸 문화 전문 기자로 일했으며, 문화와 예술을 중심으로 한 다양한 영역의 취재와 글쓰기로 좋은 반응을 얻었다. 국립현대무용단 이사와 문화재청 궁능활용심의위원회 위원을 역임했고, 2018년부터 2020년까지 문화재청 청장으로 재직했다.

김미영

안동대학교 민속학과를 졸업한 후, 인하대학교 대학원 국어국문학과에서 문학 석사 학위를, 일본 도요 대학교 사회학연구과에서 사회학 박사 학위를 받았다. 현재 한국국학진흥원 수석 연구위원으로 재직 중이며, 저서로 <유교의례의 전통과 상징> <유교공동체와 의례문화> <가족과 친족의 민속학> <안동 유일재 김언기 종가> <봉화 팔오헌 김성구 종가> 등이 있다.

정관 스님

넷플릭스의 음식 다큐멘터리 <셰프의 테이블 시즌 3>에 참여해 세계적으로 이름을 널리 알린 한국 사찰 음식의 대가다. '철학적 요리사'라 불리며, 전 세계 유력 매체에서 그가 만든 요리에 대해 "세계에서 가장 고귀한 음식" "성찰을 통한 미래의 요리"라고 상찬한 바 있다. 현재 전남 장성에 자리한 백양사 천진암의 주지이며, 경기도 수원 광교에서 사찰 음식 전문점 '두수고방'도 운영 중이다.

박상철

노화 연구 분야의 세계적 석학으로, 30년간 서울대학교 의과대학 생화학과 교수로 재직했다. 과학기술부 노화세포사멸연구센터와 서울대학교 노화고령사회연구소 소장 등을 역임했으며, 세계적 학술지 <노화의 원리>에서 최초의 동양인 편집인으로 활동했다. 현재 전남대학교 연구 석좌교수로 재직 중이다. 저서로는 <당신의 100세 존엄과 독립을 생각하다> <당신의 백년을 설계하라> <노화혁명> 등이 있다.

윤덕노

음식 문화 칼럼니스트 겸 음식 문화 저술가다. 음식이야말로 한 나라를 대표하는 문화 아이콘이라는 생각으로 음식에 얽힌 역사와 문화를 발굴해 스토리를 입히는 작업에 앞장서고 있다. 매일경제신문 중국 베이징 특파원, 사회부장·국제부장·부국장을 역임했으며, 미국 클리블랜드 주립대학교 객원 연구원을 지냈다. <음식으로 읽는 한국 생활사> <음식이 상식이다> <신의 선물 밥> 등 음식 문화와 관련한 다수의 저서를 출간했다.

이내옥

미술사학자로, 34년간 국립박물관에서 근무하며 진주·청주·부여·대구·춘천의 국립박물관 관장과 국립중앙박물관 유물관리부장 및 아시아부장을 지냈다. 한국 미술사 연구와 박물관에 기여한 공로를 인정받아 한국인 최초로 미국 아시아 파운데이션에서 수여하는 아시아 미술 펠로십을 수상했으며, <문화재 다루기> <공재 윤두서> <백제미의 발견> <안목의 성장> 등의 저서를 펴냈다.

스타일링

민들레

2003년 문을 연 스타일링 스튜디오 '세븐도어즈7doors'의 공동대표로, 국내 유수의 잡지와 다양한 브랜드 광고에서 창의적이면서도 감각적인 스타일링을 선보이고 있다. <행복이 가득한 집> <럭셔리> <노블레스> 등의 잡지에서 푸드 및 리빙 화보 스타일링을 맡았으며, 아모레퍼시픽의 브랜드 플래그십 스토어와 현대카드 트래블 라이브러리, 라스베이거스에서 열린 2018 소비자가전전시회(CES) LG 진시관 등의 공간 스타일링을 담당했다.

크리에이티브 디렉팅

서영희

<행복이 가득한 집>의 '아는 만큼 맛있다' 칼럼을 위한 푸드 스타일링을 시작으로 요리와 인연을 맺었다. 파리 장식미술관 130주년 기념전 <Korea Now>의 '모드Mode'관 큐레이터, 전시 <한국 패션 100년 Mode & Moment> 큐레이터, 루이 비통 전통 함 프로젝트, 반클리프 아펠 글로벌 광고 디렉팅 등 다양한 전시 기획과 비주얼 디렉팅을 맡아왔다.

사진

박찬우

1990년부터 '스튜디오 집studio ZIP'을 운영하고 있다. <행복이 가득한 집> <럭셔리> 등의 잡지와 오랜 기간 협업해왔다. 퍼시스·신라호텔·현대카드 등 여러 기업의 광고사진을 촬영하며 감각적이면서도 생동감 넘치는 사진으로 호평받았다. 네 번의 개인전을 개최했고 다수의 단체전에 참여했으며, 국립현대미술관과 독일 뮤지엄 아트 플러스Museum Art.Plus 등에 작품이 소장되어 있다.

이동춘

디자인하우스 사진부 출신으로 대한민국의 대표적 문화유산인 종가에 매료돼 한옥과 종가, 서원과 제사, 관혼상제, 한식·한복·한지 등을 있는 그대로 기록한 지 15년이 넘었다. 국립민속박물관, 독일 베를린 한국문화원, 미국 LA 한국문화원 등에서 수차례에 걸쳐 개인전을 개최했으며, 특히 고조리서인 <수운잡방> <음식디미방> <시의전서> 등에 기록된 종가의 내림 음식을 촬영하는 데 앞장서고 있다.

민희기

디자인하우스 사진부 출신으로 2008년부터 현재까지 '나무 스튜디오Namu Studio'를 운영하고 있다. 아모레퍼시픽의 설화수 탄생 50주년 브랜드 북을 비롯해 현대카드 제주 올레 프로젝트와 광주 송정 프로젝트, 풀무원 올가ORGA 리뉴얼 프로젝트, SSG 산지 촬영 프로젝트 등에 참여했다. 현장감 넘치는 다큐멘터리 사진에 애정을 갖고 있으며, 2019년 전통문화연구소 온지음에서 발간한 요리책 <찬CHAN>의 사진 작업도 담당했다.

색인

사진과 그림 저작권

한식의 비밀

기획	\<행복이 가득한 집\>
편집장	구선숙
아트 디렉팅	김홍숙
책임 편집	최혜경
자문	이어령
요리 자문	조희숙
진행	최혜정
비주얼 디렉팅	서영희
사진	박찬우
디자인	김귀임, 심혜진
스타일링	민들레
미디어 부문장	김은령
영업부	문상식, 소은주
제작부	정현석, 민나영
출력	새빛그래픽스
인쇄	문성인쇄

발행인	이영혜
1판 1쇄	펴낸날 2021년 9월 30일
1판 2쇄	펴낸날 2021년 12월 15일
발행 공급처	(주)디자인하우스
	서울시 중구 동호로 272
	www.designhouse.co.kr
등록	1987년 4월 9일, 라-3270
대표전화	02-2275-6151
판매 문의	02-2263-6900
ISBN	978-89-7041-745-5 (14590)
값	200,000원(5권 세트)

이 책은 오뚜기함태호재단의 지원을 받아 만들었습니다.